JN231493

講談社選書メチエ

699

万年筆バイブル

伊東道風

MÉTIER

はじめに

みなさん、初めまして。

私は伊東道風（いとうみちかぜ）と言います。道風？　不思議な名前だなあと思う方。そうです、そのとおり。実在する人物ではありません。

一九〇四（明治三七）年に東京・銀座で「和漢洋文房具」という看板をかかげ創業しました「伊東屋」と申します、文房具専門店。そこで仕入れ、販売、修理、デザインなど、万年筆に関わるさまざまなメンバーで、道風という架空の人物をつくりました。

名前の道風は、平安中期の名書家にして和様の開祖・三蹟（さんせき）の一人と称えられる小野道風（おののみちかぜ）（八九四〜九六七）にあやかったものです。これから万年筆のお話をたっぷりさせていただこうということで、伝説の書家を意識してみました。

――と、文房具店の私たちが仮名までつくり、なぜ今、万年筆を語ろうとしているのか？　いや、その前にみなさんご存じでしたか。今、万年筆の人気がどんどん上がっている、ということを。

インターネットが世界中に普及し、携帯電話もパソコンも子供からお年寄りまで使いこなすようになって、手書き文化は廃れていくと思った方も多いでしょう。

中でも、わざわざインクを入れ替え（手が汚れることもありますし）、手入れもちょっぴり面倒くさい、一度書いたものは消せない万年筆は、存在自体が重く、一部の愛好家の限られた趣味のように見られた時期もありました。

にもかかわらず、ネット全盛の時代に万年筆は復活し、その魅力が見直されてきたというわけです。いったい、なぜなのか。

小さなボディに詰まった、繊細なメカニック。科学的な構造。

世界中のメーカーやブランドそれぞれが、考え抜いた「よき万年筆」の哲学の体現。

使うほどに自分の癖がしみこみ、世界の中のたった一本になっていくという育てる愉しみ。

急激に色数が増えた万年筆インクによる、個性化時代との相性の良さ……。

見直されたきっかけはまだまだありますが、日々、万年筆に接してお客様と向きあう私たちだから知っている、一番大きな理由があります。それは、

「〝万年筆〟を知れば、毎日が、人生が変わる」

ということ。

日常を変えてしまうほど使いこなすには、もちろん使う側の知識も大切になります。

漠然と選ぶのではなく、自分のための（あるいは贈りたい、どなたかのための）一本に、何が必要で、何が不要なのか。その基準を知るために、万年筆のプロたちが集まり、知識の体系を編み込んだものが、本書になります。

シンプルなのに、複雑。知るほどに虜（とりこ）になるあまたの要素を、一つずつ挙げ、あなたと一緒に確認してゆきたい、それが本書を書き始めたきっかけです。

読み終える頃には、なぜネット時代に万年筆が流行るのか、きっとあなたの中にも答えが出てくると思います。

伊東　道風

二〇一九年四月

目次

第四章　より広く、深く知るための万年筆「世界地図」――135

第一章

「自分だけの一本」の選び方

1　万年筆売り場へようこそ

ネットショッピングでは難しい万年筆探し

この本を手に取ったあなたは、きっと今、万年筆が気になっているところですね。

あまり使い慣れていない方ですと、「買っても使わないのでは」「ちょっと面倒くさそう」「いや、そもそもいくらの価格帯の何を買えばいいのかイメージがまだ決まらない……」。躊躇する気持ちもあるかもしれませんが、あえて背中を押します。

まずは、万年筆を一本、買ってみましょう。少し大きめの文房具店であれば、万年筆専用の売り場があります。そういったお店でしたら品数も豊富ですし、修理などのアフターケアもしっかりしているところが多いので、楽しみながら、安心して万年筆が選べるでしょう。

そしてここから先は愛好家の方にもお伝えしたいことですが、万年筆の場合、ネットショッピングはあまりお勧めできません。お住まいの近くに文房具店がない場合は仕方がないのですが、なるべくなら売り場で直接、購入していただければと思います。最初の一本を選ぶとなれば、なおさらです。

たしかにネットショッピングであれば、気軽に、しかもあっという間に万年筆を手にすることができますし、ショップサイトの中には、メーカーの希望小売価格より安く販売しているところもあります。パソコンでサイトを開き、きれいにレイアウトされた商品にさっと目をとおし、気に入ったものがあったらすぐにマウスをクリックする。ネットショッピングは、スピード社会にふさわしい買い方かもしれません。

が、そんな時代でも、服や靴をネットで買うのに抵抗を持つ方はいらっしゃいます。実際に店頭で試着してネットで購入するケースもあるかと思いますが、モニター上の画像、情報だけを頼りに買うと、実際に着てみるとしっくりとこないのではないかという不安がある——実は、万年筆もそんな商品のひとつなのです。

服や靴が、実際に着ることで初めてその人にとって意味を持つように、万年筆も、自分の手で持って、初めて機能する道具です。自分の体の一部となるものは、実際に自分の体で試してみないと、いいか悪いか分かりません。触る、持つ、試し書きをする。短時間で決めかねることも多いでしょうが、それでも実際に手にするという体験は、何ものにも代えがたいものになります。

万年筆というものは、自動車にたとえると分かりやすいかもしれません。

自動車を買おうとする時、デザインはもちろん、乗り心地、加速性、燃費などを考慮して、実際に試乗して、最終的に決断する。

万年筆も同じです。デザイン、持ちやすさ、書き心地、インクの流れるスピードやコストパフォーマンスなど、さまざまな選択要素がありますし、何が正解かというより、ユーザーの好みが最終的にものをいいます。だからこそ、実際に試し書きをして、自分の目と手を使って選んでいただければと思うわけです。

プレゼントする場合には……

そういう意味で万年筆というのは、本当はプレゼントにはあまり向かない商品かもしれません。とはいえ、店頭に立っている私たちのもとには、プレゼント用に万年筆を探している方が、多くいらっしゃいます。

恩師へのお礼に、入学、入社や昇進、転職のお祝いに……万年筆は贈り主と相手の知性の交流のようで、好感度も高い逸品といえますが、快適に存分に使っていただくためには、本来は書き手の好みを知ってこちらもお勧めしたいところなのです。

それが叶わない場合は、その人が常日頃、書いているもの——手紙や、原稿、年賀状など、はがき一枚でもかまいません。どれくらいの文字の大きさで、どれくらいの文字数を書き、どんな書き癖を持っているのか少しでも手掛かりがあれば、そこからその方にあった万年筆を考えることができます。手書きのヒントをお持ちいただけると有り難いです。

万年筆の価格帯

万年筆を買おうという時、やはり気になるのはお値段でしょう。かつては「万年筆＝高級品」というイメージでしたが、間違いのない価格帯の目安としては、どのあたりを考えればいいでしょうか。

多種多様の万年筆は、もちろん値段もさまざまです。

一番安いものは、大手国内メーカー製で二〇〇〇円台から出ています。一〇〇〇〇円、二〇〇〇〇円台も豊富ですし、海外有名メーカー製であっても一〇〇〇〇円台からあります。

一方、高いものですと、有名ブランドならば一〇万円以上もざらですし、国内、海外を問わず、宝石・貴金属が全体にちりばめられたデザイン重視タイプですと、安くても三〇万円、中には一億円になるものもあります（こうなると、単なる筆記具というよりコレクターズ・アイテムですが）。

このように上と下の幅が広すぎるのが万年筆の価格帯なのですが、実はひとつの目安となる値段はあります。そしてそれが自然と分かるように、売り場では商品が配置されているのです。

多くの文房具店でショーケースに入ったコーナーと、直接手にとれる棚に陳列しているコーナーを見かけますが、それが「高級筆記具」と「事務用筆記具」との違いです。価格帯の目安はおよそ一万円。一万円以上の商品を「高級筆記具」としていることが多いようです。

ハレとケの筆記用具

まずは、事務用筆記具のコーナーを見てみましょう。

ほとんどの人は「万年筆」と聞いた時、重厚感のある、黒く艶光りするようなデザインを思い浮かべるかもしれません。けれども、今、そのイメージは崩れつつあるようです。というのも事務用筆記具のコーナーには、カラフルでカジュアルなデザインの万年筆がたくさん並んでいるからです。

ドイツのメーカー、ラミー社の「サファリ」は、その代表ともいえる商品で、値段は四〇〇〇円台。持ちやすいようにくぼみをつけたグリップや、ワイヤー式クリップを施したデザインがポップで、色合いも鮮やかです。今、新聞や雑誌などで特集される万年筆は、こういった事務用筆記具のほうが圧倒的に多く、若い方が抱いている万年筆のイメージは、「サファリ」に近いものになっているのかもしれません。

一方、高級筆記具のコーナーには、従来のイメージどおりのデザインの商品が、ショーケースの中で、通常、日本のメーカーと海外のメーカーに分けて陳列されています。

日本のメーカーと海外のメーカーの値段を比べると、海外のほうが少し高い傾向にありますが、この値段の差が直接、品質の違いを反映しているかというと、必ずしもそうではありません。輸入品の流通には、メーカーと小売店のあいだに代理店と流通業社（問屋）が入り、輸送料もかかるので、その分が料金に上乗せされます。そのため、同じ値段であれば、国産のもののほうが品質がよいケースもあるのです。ただ万年筆の場合、海外ブランドを現地で買っても日本で買っても、レートの変動差以外、あまり価格差は出ないようです。

さて、事務用筆記具と高級筆記具では、だいぶデザインが違っていると書きましたが、実はもっと大きな違いがあります。

決まりごとではないのですが、日本製であれば一万円、海外製であれば三万円を超えると、ペン先が金でできているケースが多くなります。つまり、ペン先の素材、それこそが、事務用筆記具と高級筆記具の分かれ目になるといえるのです。

書き味を決めるペン先の素材

万年筆のペン先は、素材で大きく二つに分けることができます。金でできているものと、鉄製のものです（表1）。

まず、金のペン先から見てみましょう。

ショーケースに並んだ万年筆のペン先を比べてみると、同じ金であっても、微妙に色や輝き方が違うことが分かります。これは金の含有率によるものです。

純度一〇〇パーセントの金は、通常、「二四金」と表し、含有率が低くなるにつれて、その数字が下がっていきます。万年筆のペン先の場合、二四金のものは、ほぼ皆無で、一四金、一八金の二種類がほとんどを占めています。一四金であれば金の含有率は五八・五パーセント、一八金なら七五パーセントで、残りは銀や銅などが混ぜられています。

種類	素材	硬さ
鉄製ペン	ステンレス	硬　※筆圧の強い人向け
金ペン	14K（金の含有率58.5％）	↕
	18K（金の含有率75％）	
	21K（金の含有率87.5％）	軟

表1　主なペン先の種類
※鉄製ペン、金ペンともに表面にメッキ加工しているものもあります。

また金が使われているペン先の中でも、金色に輝いていないものがあります。これは表面にメッキを施したもので、金のペン先ではあっても、銀（ロジウム、プラチナ、パラジウムなどでメッキしたもの）や銅（ピンクゴールドでメッキしたもの）、光沢のある黒（ルテニウムでメッキしたもの）といった色になっています。万年筆の中には全体が銀色でデザインされたものがありますが、そういった場合、メッキによってペン先の色をボディに合わせて整えることがあるのです。

ペン先が金の万年筆の場合、値段は、基本的に金の使用量によって変わっていくと考えていいでしょう。一四金と一八金であれば、一八金の万年筆のほうが高いわけです。また、同じ一八金のペン先でも、ペン先の面積が大きくなればなるほど、その分、値段は高くなります。ただし、この面積というのは、このあと説明するペン先の字幅（書く文字の太さ）といったこととは関係がありません。たとえば、パイロットにはペン先の大きさについて、「号」という独自のサイズ表記があり、五号と一〇号では一〇号のほうが大きいのですが、同じ一八金であれば、一〇号のほうが値段が高くなる、というわけです。

一方、鉄製のペン先の素材は基本的にはステンレスですが、中には、チタンやプラチナ、パラジウムなど、宝飾品に使用されるような金属を使っているものもあります。これらのペン先は、おおむね銀色をしていますが、ステンレス素材の場合、金メッキを施している製品も少なくありません。海外メーカーの場合、三万円を超えるとペン先が金のことが多く、一万円台ですと、だいたい金メッキのペン先になります。

なぜ金を使うのか、金がよいのか

さて、さきほど、万年筆には実用的なものばかりでなく、宝石や貴金属を使った装飾品的なものもあると書きましたが、万年筆の金のペン先とは、単に高級感を持たせるために使われているわけではありません。

万年筆に金のペン先が使われている一番の理由――それは、耐久性です。

万年筆のインクには酸性のものがありますが、たいていの金属というのは、酸に弱く、錆びたり溶けたりしてしまいます。しかし、金は最も安定した金属で酸に強く、王水（濃硝酸と濃塩酸の混合物）以外の酸では溶かすことはできません。

一方、ステンレスは、stainless の名のとおり、錆びにくいことで知られていますが、金に比べれば錆びやすいのは事実です。

つまり、ペン先が金であるということは、一言でいって、「長持ちする」ということ。高級筆記具の万年筆には、重厚でオーソドックスなデザインのものが多い理由もそこにあるのです。ペン先が金であれば、使用年数も長く想定されていますので、外観や材質にもそのぶん配慮がされ、金というペン先のグレードに応じたデザインになっていく、という具合に。

ペン先に金を使う理由は、もうひとつあります。

金は酸に強いだけでなく、軟らかいことでも知られています。この軟らかさが、万年筆独特の書き味を生み出すのです。

2　試し書きをしてみよう

最初の試し書きは国産品で

高級筆記具と事務用筆記具の違いについては、お分かりいただけたと思いますので、次に、試し書きのポイントをお伝えしましょう。

事務用筆記具であれば、たいていの文房具店ではサンプルと試し書きスペースを設けています。また高級筆記具についても、商品によっては試し書き専用サンプルが用意され、インクが入った状態で試すことができます。インクを入れられないものも、店員に頼めば、ペン先にインクをつけて「付けペン」状態で試せるケースがあるかと思います。

こうして実際に手に取るわけですが、いろいろな万年筆を闇雲に試してみても、らちがあきません。むしろ書くほどに目移りしてしまい、挙げ句、どれがいいのか、分からない、決められない。膨大な数の万年筆という名の海で、迷子になってしまうでしょう。

指針を見失わないためにも、まずはおもいきって、国産の万年筆から入っていくことを私はお勧めします。

とくに、「最初の一本」から外国製を選ぶのは、たとえて言うなら免許取り立てなのに外車に乗るようなものです。外車は概して、日本車より大きいですが、万年筆も同じ。海外メーカーは、基本的に日本人の手を想定して設計してはいないので、長かったり、重かったりする場合も多いのです。また、日本の道を走る場合、外車よりも日本車のほうが走りやすいものですが、万年筆に関しても、国産のものであれば、漢字やひらがな、カタカナなど、日本語を書くことを前提としてつくられているからです。

スタンダードな三本

最初の試し書きで、お勧めしたいのは、国内製の一万円台の万年筆です。

一万円という値段は、事務用筆記具と高級筆記具の境界線を引く金額ですので、高級筆記具の中では、一番、安価な商品に当たります。けれどもこういった商品は、売り出すことを前提にしているので、性別を問わずユーザーの範囲を広くカバーしようという発想でつくられている。つまりは、手の大きさについても、書き方についても、日本人の平均を探り、追求した設計なのです。実際に手に持った時、日本人であれば長すぎも、短すぎもせず、太すぎも細すぎもしない——言い方をかえれば、最も日本人にあった製品となるわけです。

具体的な商品名を挙げるなら、パイロットコーポレーションの「カスタム74」、セーラー万年筆の「プロフィットスタンダード」、プラチナ万年筆の「#3776センチュリー」がこれに当たります。

まずは、この三本から試してみましょう。そして、これを比較対照の基準とするのです。つまり、この三本のいずれかを座標軸の「原点」に置いて、万年筆を変えるたびに、「この万年筆はさっきより、自分にとって重い（あるいは軽い）」とか、「最初のものより書きやすい（書きにくい）」と座標上に点を打っていくのです。すると、今、試している一本が、自分にとってどの位置にあるのか分かります。あくまでも「自分にとって」という基準が大事。それさえ守れば、万年筆探しの旅に出ても、迷子になることはないのです。仮に、迷子になったとしても、「原点」に戻ればいいだけのこと。この作業を続けるうちに、座標上——つまりはこの広大な万年筆の海のどこかに、あなたに一番あった万年筆のストライクゾーンが自ずと現れてくるはずです。早速、「原点」とする万年筆を選んでみてください。

字幅について

「原点」の万年筆を決めたら、次は文字の太さ――字幅を選びます。

字幅は、万年筆ごとに異なるもので、一度その万年筆に決めたら、基本的には変えられません。ペン先をつけ替えることで変えられる場合もありますが、かなりの費用がかかってしまいます。「お気に入りの一本」を選ぶためには、まず、自分の好みの字幅を探したほうがよいのです。

字幅は大まかに言って、まずＦ（Fine＝細字）、Ｍ（Medium＝中字）、Ｂ（Broad＝太字）の三つ、そしてそのすき間を埋めるようなかたちで、Ｆより細いＥＦ（Extra Fine＝極細）、ＦとＭの中間のＭＦ（Fine Medium）あるいはＭＦ（Medium Fine）、Ｂより太いＢＢ（Broad Broad）というように、さまざまなサイズが展開されます。

なお、このＦ、Ｍ、Ｂという呼び方はメーカーによって異なっており、世界的に統一されたものではありません。さらにいえば、字幅自体がメーカーや国によって異なっています。

たとえば、同じ「細字」でも、日本製とドイツ製を比べると日本のほうが細いという具合に、「細」の感覚も、国やメーカーごとに違います。

こういった意味でも、私はやはり、最初の試し書きは国産の万年筆でと、お勧めいたします。

パイロット「カスタム74」の黒軸であれば字幅の選択肢は一一種類あります。セーラー「プロフィットスタンダード」は七種類、プラチナ「#3776センチュリー」は八種類（ただし「ミュージック」という特殊なペン先のものは、価格が少し高く設定されています）で、選択肢の数は、他と比べてもかなり多め。好みの字幅を探すうえでも、この三本はお勧めの万年筆なのです。参考までにパイロット社一五種のペン先と字幅のサンプルを八八頁に掲載しましたので、そのバリエーションの豊かさを、ぜひ、ごらんください。

太字か細字か迷った時は

最初に試す字幅ですが、やはり「M」（中字）がいいでしょう。そして、それを比較対照の「原点」にして、「F」（細字）や「B」（太字）と、移ってみる。この時、単に字の太さ＝字幅だけでなく、自分が書いた文字の大きさも見てみましょう。というのも、太字のペン先を使うと、書く字も自然と大きくなるからです。少し字が大きいかなと思った時は、それより細い字幅を試してください。

字幅の選択は、万年筆選びにおいて最も重要なポイントになります。なぜなら、それによって「用途」が変わるからです。

Ｂ５判ノートに日記を書くのか、小型のメモ帳にスケジュールを書き込むのか、それともＡ４判の紙に手紙を書くのか……。小さな文字を書くのであれば、字幅が細いほうがいいですし、ある程度の大きさの紙にしっかりとした字を書くのであれば、それなりの太さが必要になる。ご自身が使いたいシーンをイメージできないと、その万年筆の活躍度はうんと減ってしまいます。前もって自分が「どのような紙に何を書くことが多いのか」を想定しておきましょう。

ただ「用途にはあまりこだわっていない」という方も、中にはいるかと思います。あるいは実際に試し書きをしてみて、迷ったり、判断できない時には、まずは細い字幅を選んでおくほうが無難です。小さな手帳に太字では書きにくかったりもするため、細字のほうが広範囲に使える場合が多いからです。

前の項で記したように、購入後でも修理等でペン先を交換することが可能なケースもあります。ただし、ペン先そのものは結構高価ですし、字幅を変えれば書く時の軟らかさ、滑らかさも違ってくるので、持った時の感覚が変わってしまうこともあります。

そういった意味でも、字幅の選択はぜひ慎重に行っていただければと思います。

万年筆を持つ角度

万年筆の持ち方は、基本的には鉛筆やボールペンと同じで、「こうしなければいけない」と、細かく言うようなことはありません。ただし、万年筆を持つうえで意識しておいたほうがいいことはあります。それは「角度」と「筆圧」です。これをボールペンと比べてみておきましょう。

ボールペンは、ペン先に回転するボールが仕込まれています。このボールがインクを含みながら紙の上を転がることによって、字が書けるわけです。そのため実質上、紙に対してペン先が垂直に当たる時、最も書き味がよくなります（実際に垂直、あるいはそれに近いかたちで持つには、指と手首にかなりの負担がかかりますが）。

一方、万年筆の場合、「ペンポイント」という小さな玉がペン先についており、ここに流れてきたインクが、紙に吸収されることで字が書けます。何よりペンポイントをしっかりと紙に当てなければなりません。

仮にペンポイントの紙に当たっている球面部分を人間の顔にたとえてみましょう（図1）。この時、鼻の位置が紙に接触している時がベストです。万年筆を立てすぎると頭に当たってしまいますし、寝かせすぎるとアゴに当たってしまいます。鼻に当てる角度は、四五度と言われていますが、これは決まった数値ではありません。ただ、それに近い角度であれば、ボールペンと比べて、手首にかかる負担は軽いですし、ペンを支えるのにひじまでも含むことになるので、力が分散され、楽に書けるというわけです。

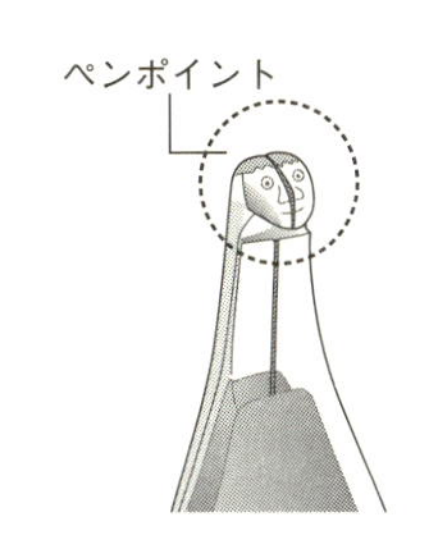

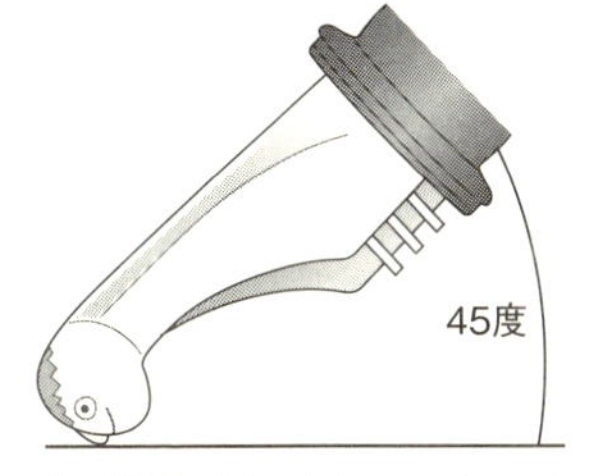

鼻の位置が紙に当たるのがベスト。

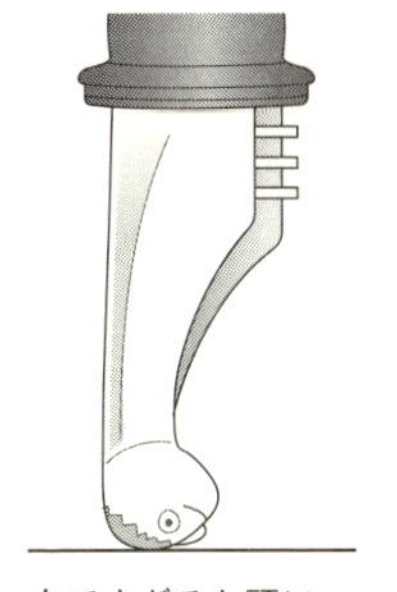

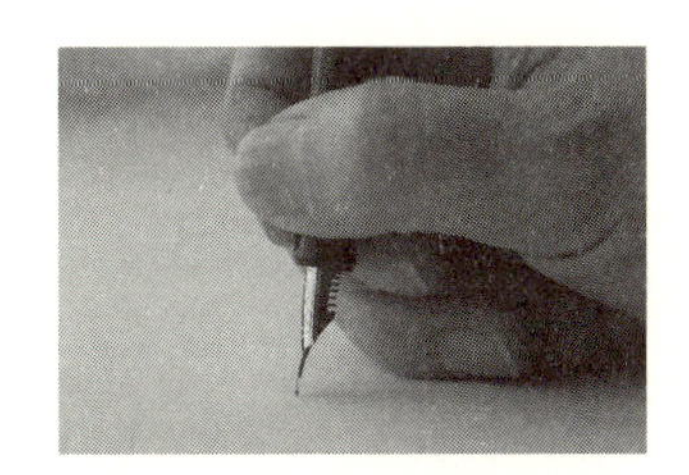

立てすぎると頭に。

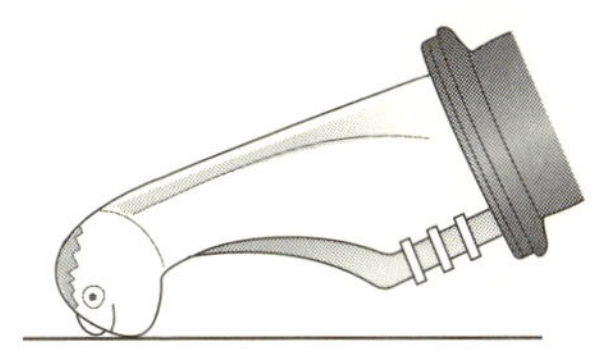

寝かせすぎるとアゴに。

図1　ペンポイントから見た、万年筆を持つ角度

筆圧と滑らかさ

万年筆の場合、持ち方と同じくらいに重要なのは、筆圧——書く時の力の入り具合です。ボールペンの場合、先端のボールが転がって芯内のインクに触れ、その回転とともに内部からインクが出てくるという仕組み——つまりインクをボールで紙に押しつけているわけで、その分だけ書く時に力がいることになります。

一方、万年筆の場合は、タンクからペンポイントへとインクがそのまま紙の上に流れ出るため、特段、力を入れる必要はありません（逆に力を入れてしまうと、ペン先に負担がかかり故障の原因となってしまいます）。紙の上にペン先を走らせるだけで、サラサラと書ける書き味の滑らかさは、こうした構造によるものです。

試し書きをする際、最適な文字は「永」だと言われています。実際、ペン先の字幅を示すサンプルに「永」という字がよく使われていますが、これは「永」という一字の中に、日本語の収筆、つまり「とめ」「はね」「はらい」のすべてが入っているからです。

ただ、いざ、この一字だけを書こうとすると、なんだか書道の心持ちになってしまい、意識するあまりに普段使いの感覚で試せなくなってしまいがちです。そのため私はお客様には、「永」と一緒に、ご自分の名前を書いてみることをお勧めしています。自分の名前であれば、あまり意識せずに普段の感覚で書けるからです。

万年筆の書き味とは

初めて万年筆を持った人であれば、その書き味の良さに、きっと驚くはずです。

これまで何度も「書き味」と記してきましたが、「書き味」とは、具体的にどのような感覚を指すのでしょうか。万年筆について書かれている記事やガイド本でも「書き味がいい」といった言葉をよく見かけますが、いったい万年筆のどの部分がどのように働くことで、「書き味」がよくなるものなのでしょうか。

「書き味」を支えているひとつの要因は、「滑らかさ」です。先にも述べたように、これはそのつくり自体に由来するものですので、万年筆ならではの特徴といえます。ペン先が金であれば、その「滑らかさ」に「軟らかさ」が加わります。

実は、このペン先の「軟らかい」、あるいは「硬い」という感覚こそが、万年筆の「書き味」を一番左右するものなのです。そして「軟らかい」「硬い」という感覚は、ペン先の湾曲具合や素材で異なり、紙に当てた時のしなり具合から生まれます。

金のペン先に負荷をかけていくと、ゆるやかにしなります。このしなり具合が大きいと、文字を書く時、軟らかく感じます。しなりは、金の純度が高いほど大きくなるので、つまり、一四金のペン先よりも一八金のペン先のほうが大きく、その分、軟らかく感じるわけです。

しかし、金の純度が高すぎて、逆にあまりにも軟らかくなってしまうと、ペン先としてはほとんど使いものにならなくなってしまいます。ペン先に二四金のものがないのは、このためです。セーラー万年筆には、ペン先が二一金である「プロフィット21」というシリーズがありますが、これはペン先としては非常に珍しいタイプです。初心者にあった適度な軟らかさとしては、一四金のものをお勧めします。

一方、ステンレスのペン先の場合、金と比べるとかなり硬いので、しなり具合が小さくなります。文字を書いてみると、カリカリと硬い書き味です。そのため、ボールペンやシャープペンシルに慣れている方、つい力を入れて書いてしまう筆圧の高い方は、ステンレスのペン先のほうが、使いやすいかもしれません。

また、書くスピードが速い方も、ペン先が硬いほうがあっています。ペン先が軟らかいと、しなるわけですが、しなる分だけ、書くスピードが遅くなるからです。

書き味を支えるさまざまな要素

このように、ペン先の素材によって、「軟らかい」「硬い」という感覚が変わるわけですが、実は他の要素も、微妙なかたちで書き味を左右しています。

たとえば、ペン先の形によっても、「軟らかい」「硬い」が変わります。基本的には、ペン先の先端のほうが厚くて、胴体に差し込んでいる側のほうが薄いほど、しなり具合が小さくなります。また、この両側の厚みの差がなくなってくるほど、しなり具合が大きくなります。

また、ペン先のサイズ、つまりは字幅によっても書き味が変わります。字幅が細いほど、つまりペン先が細くなればなるほど、先端にかかる摩擦力は大きくなるので、滑らかな感覚が低くなる。一方、字幅が太くなると、紙に当たる面積が広くなるため、その分、摩擦力が分散されて滑らかに感じる、という案配です。

ここまで、ペン先の素材や字幅についてご紹介してきましたが、それらが複雑に絡み合い、一本の書き味を生み出すことになります。

たとえば同じMサイズのペン先であっても、金とステンレスでは違うし、同じ一八金でもFとMでは変わる。さらに、同じ一四金で、同じMサイズのものであっても、ペン先の厚みの形状が違えば、またここで書き味が変化してくるのです。

こうした違いは、実際に自分の目と手で確かめないと分からないものです。どれが正解というものではなく、人それぞれの好みにも大きく左右されます。

万年筆がネットショッピングには適していないこと、万年筆選びには比較対照の基準——原点を設定しなければならない理由が、これでお分かりいただけたかと思います。

3　インクの吸入方式について

二つの補充方式

さて、ここまでペン先の素材（金か鉄製か）、字幅（太字なのか細字なのか）で書き味がかなり変わることを見てきましたが、いよいよ、選び方、最後の段階に入ります。

ペン先の素材、字幅と並ぶ、万年筆選びの大きなポイント――それは、インクの補充方式にあります。

ボールペンの場合、インクが切れたら替芯でインクを補充します。もちろん替芯は、基本的にそのアイテム専用のものしか使えませんが、補充方式はひとつしかないわけです。

それに比べて万年筆は、アイテムごとにインクの補充方式が違い、そしてこの補充方式によって、大きく二種類に分けることができるのです。

ひとつは、「吸入式」。ボトルインクから胴体内部にインクを吸入するよう設計され、胴体自体がインクのタンクとなり、そこからインクがペン先へと流れていく構造です。

もうひとつは、「カートリッジ式」。専用のインクカートリッジを内部に差し込む「詰め替え式」で、この場合、インクが万年筆の胴体内部に直接触れることはありません。

吸入式とカートリッジ式の違いによって、書き味が変わるといったことはほとんどありませんが、どちらを選ぶかで使用シーンや携帯性の良し悪し、インクのコストパフォーマンス、メンテナンス方法など、いわば持った人の「万年筆ライフ」が、大きく左右されることになります。

その違いを知るためにも、まず、それぞれの特徴を詳しくみていきましょう。

吸入式①——ピストン使用のもの

ボトルインクに浸したペン先から、内部にインクを吸い上げる機構が内蔵されている万年筆を「吸入式」と呼びます。基本的に、いったん万年筆の内部を負圧状態にし、それを開放することでインクを吸い込むという原理を利用していますが、そのメカニズム（＝機構）は、一説では三〇種類以上もあると言われています。ここでは、代表的なものだけをご紹介しておきましょう。

最も代表的なものはピストン式（図2）で、ドイツ生まれの老舗万年筆メーカー、ペリカン社が開発しました。

基本的な吸入原理は、注射器や筒形の水鉄砲と同じ。つまり、内部にピストンが仕込まれており、このピストンをいったん押し出すことでシリンダー（＝胴体内部）を負圧にし、そこから引き上げて内部にインクを吸い上げる構造です。ただし、注射器や水鉄砲とは違って、ピストンは一種のネジ構造となっており、万年筆の尻軸を回転させることでピストンが上下します。

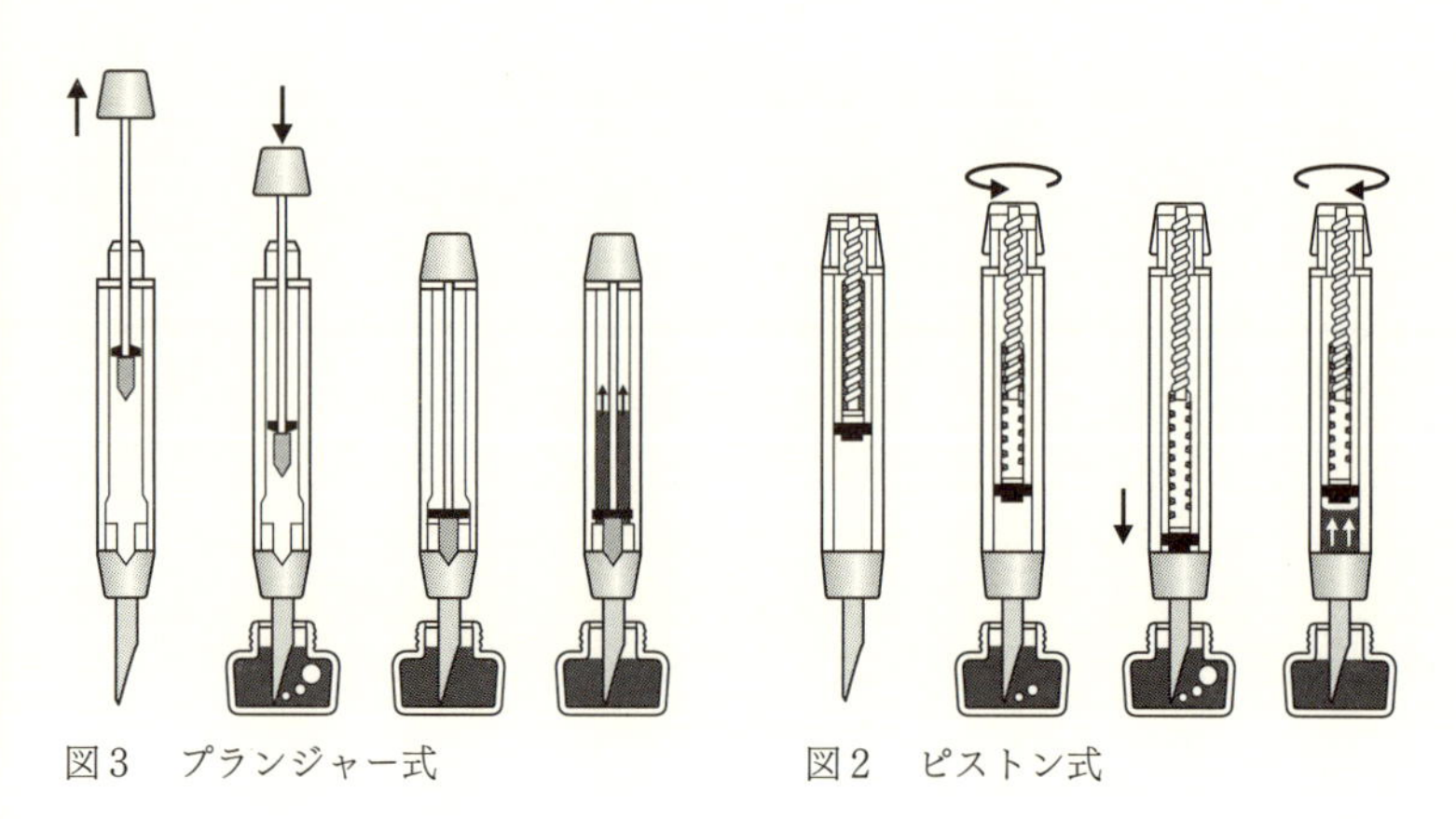

図3　プランジャー式　　図2　ピストン式

現在、吸入式と呼ばれる万年筆の大半は、このピストン式を採用しています。

このピストン式と似たものにプランジャー式（図3）と呼ばれるものがあります。こちらもピストンが内部に仕込まれていますが、異なるのは、シリンダーが単純な筒形ではなく、先端部がピストンの直径より少し広がった形状になっているところです。先端部に向かってピストンを下げていくと、当然、シリンダー内部は負圧になります。ここまでは、ピストン式と同じなのですが、先端部に来ると、その広がりがシリンダー内部への入り口となって、負圧となった空間に一気に大量のインクが流れ込む。つまり、ピストン式では、ピストンが上がってインクが吸入されていたわけですが、プランジャー式は逆に、ピストンが下がった時にインクが吸い込まれるのです。その吸入ぶりは、見ていて痛快でさえあります。

このプランジャー式は、夏目漱石の愛用万年筆で有名な、イギリスのオノトが採用していたことで、「オノト式」とも呼ばれていますが、現在、この機構を内蔵したものは数少なくなっています。しかし、そのユニークな吸入機構に魅せられる人は多く、一部のメーカーでは、今でも、このプランジャー式を生産しています。たとえば、パイロットの「カスタム823」は、国産唯一のプランジャー式万年筆として有名で、万年筆愛好家の中には熱狂的支持者がいます。

吸入式②――サック使用のもの

ピストンを使っていないものとしてはレバー式（図4）があります。

これはアメリカのメーカー、シェーファー社が特許をとった機構で、胴体内部にゴムなどでできたサック（袋状のもの）と細長い板が仕込まれており、レバーを引くと、テコの原理で板がゴムサックを押し潰し、サック内が負圧になります。レバーを戻すと、サックが弾性によってもとの形に戻り、負圧になった内部にインクが吸い込まれるのです。

このレバー式は非常に原始的な方式ですが、製作コストが安いため、一九五〇年代までは世界的に最も普及し、日本国内でもカートリッジが定着するまでは、大半の万年筆はこのレバー式でした。しかし、ゴムサックの劣化やレバー機構の故障など問題も多々あり、サックをゴム製からシリコン製にするなどの改良もされたものの、今やほとんど見かけなくなりました。近年であれば、イタリアの万年筆メーカー、デルタ社（すでに廃業）の製品が、いくつかこの機構を採用していた程度です。

レバー式とほぼ同じ原理を利用したものにボタン式（図5）があります。

これは尻軸にボタンが仕込まれており、このボタンを押すと柔軟性のある内部の板がたわみ、ゴムサックを押し潰すというもので、レバー式と同様、現在はあまり見られず、有名ブランドの中ではデルタ社およびマーレン社の製品に数点、散見できた程度です。

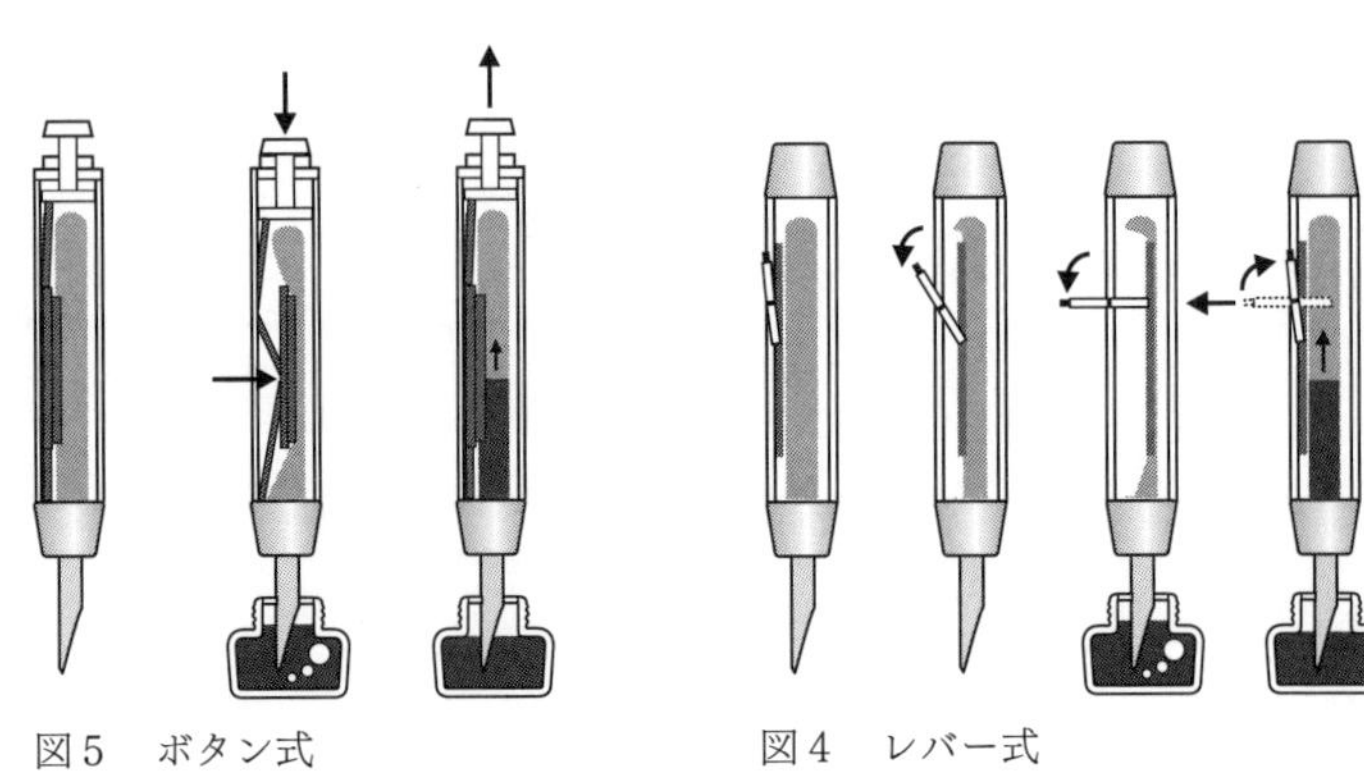
図4　レバー式

図5　ボタン式

吸入のコツ

さて吸入式の場合、インク瓶からインクを吸い上げるわけですが、使用方法はさまざまです。ピストン式であれば尻軸のネジを回しますし、レバー式では胴軸側面にあるレバーを起こす。使用説明書に従って正しい手順でインクを吸入しなければなりませんが、万年筆売り場に立っていますと、「説明書通りにやっているのに、うまく吸入ができない」というお客様の声をたびたび耳にします。

　ここでは、そんな方のために吸入のコツをお教えしたいと思います。

　まずは、ペン先をなるべく深くインクにつけることです。

　万年筆のペン先を見ると丸い穴があいており、これを「ハート穴」と呼びます。ハート穴がある場合、最低でもこの穴が隠れるまでインク瓶につけないと、うまくインクを吸いあげることができません（図6）。ペン先全体をつけてしまっても構いませんし、その上部のグリップ部――「首軸」といいますが――までつけてしまっても大丈夫。

　首軸までつけてしまうと当然、汚れますし、ペン先の縁にインクがたまって、つい「なるべく、つけたくない」と思ってしまうのですが「吸入式の万年筆がインクで汚れるのは仕方がないこと」と我慢し、なるべく深くつけてください。そして、インク瓶から出したあとは、必ず、ティッシュペーパーでもいいので首軸、ペン先のインクを丁寧にふきとります。

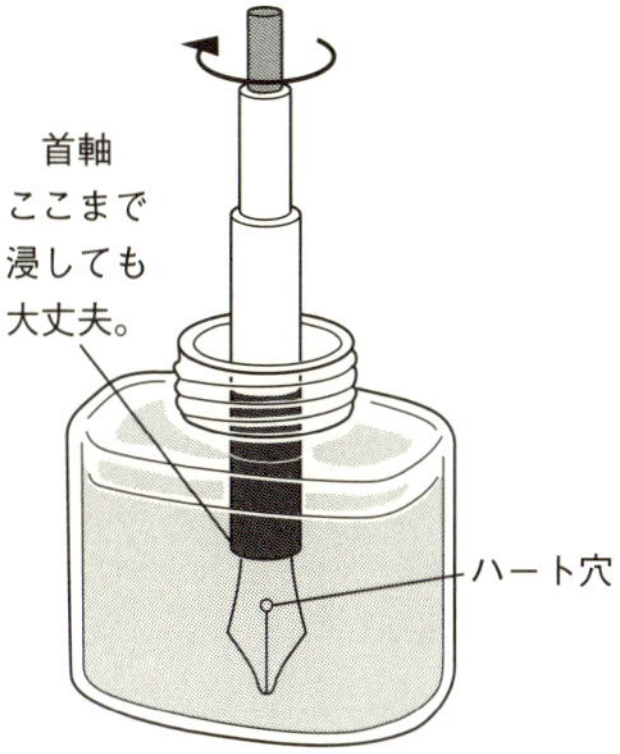

図6　インク吸入のコツ

　もうひとつのコツは、インク瓶に残っているインクの量をちゃんと把握しておくこと。ペン先を瓶に深くつけているつもりでも、インクの量が少ない場合が意外と多く、実

図7　パイロット「INK-70」のボトル
ボトルを逆さにし、元に戻すと真ん中に見える半透明のリザーバーにインクがたまる。

際は三分の一くらいになっているということもよくあります（特に暗い色の瓶は分かりにくいです）。

瓶のインクが半分以下に減ると吸入しにくくなるので、同じインクを買い足さなければなりません。昔であれば、インクウエル（インク壺）があって、そこに移し替えられたのですが、今はもう、見かけることは少なくなってしまいました。

ただ、インク瓶も、ユーザーにやさしい工夫をどんどん重ねています。

パイロットやプラチナの一部のインク瓶には、「リザーバー」という受け口がつけられ（図7）、フタをして逆さにし、元に戻せば、受け口内にインクがたまって少量のインクでもペン先を浸せる構造になっています。また、ボトルが傾けられるデザインになっているものもあります。パイロットの「iroshizuku-色彩雫」（五〇ミリリットルボトル）のように、ペン先を瓶底にぴったりつけられるよう、底にくぼみをつけたデザインもあります（図8）。また、セーラーであれば、リザーバーが瓶に直接、設けられてはいませんが、装着型のものがインクとは別売りで販売されています。

カートリッジ式

吸入式と並ぶ、もうひとつのインク補充方式がカートリッジ式（図9）です。

カートリッジとは、小さな筒状のプラスチックパックにインクを封入したもので、これを胴体内部に装着することでインクを補充します。

歴史的には、一九二七年、有名メーカーのウォーターマンがガラス製のカートリッジを開発し、特許も取得したのですが、普及するまでには至りませんでした。実際に実用化されたのは、一九五〇年代に入ってからのこと。日本国内においては、一九五四年に阪田製作所（現セーラー）がカートリッジ式万年筆の特許を取得し、一九五七年にプラチナが製品化して、急速に普及しました。

図８　パイロット「色彩雫」50ml のボトル
中央にペン先の形状にあわせたくぼみがある。

カートリッジはどれも万年筆の胴体に入るものですので、基本的には似たような大きさ、形状をしていますが、ここでも大きく二種類に分けることができます。

ひとつは、「ヨーロッパ型」と呼ばれるものと、もうひとつは、

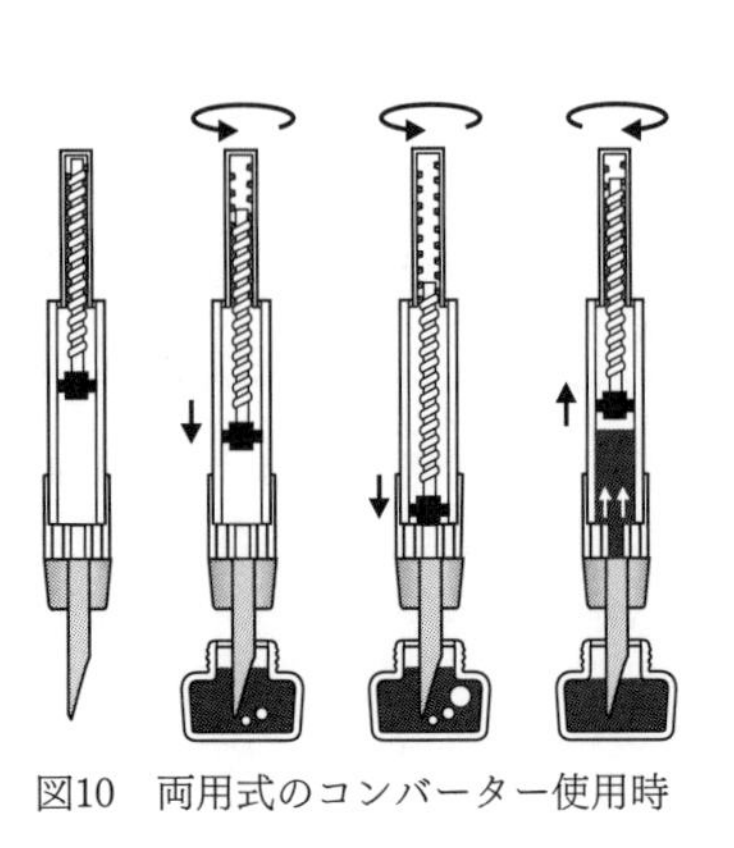
図10　両用式のコンバーター使用時

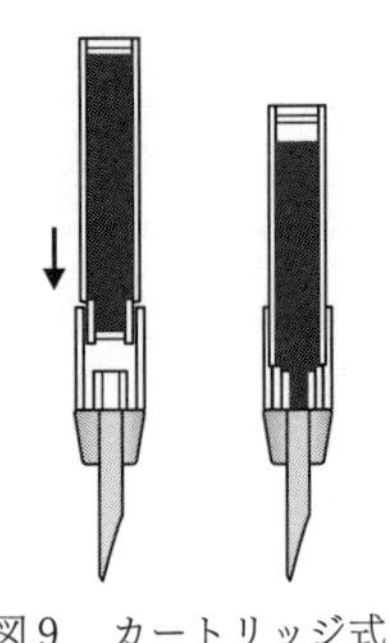
図９　カートリッジ式

メーカー独自の規格によって製造されたものです。メーカー独自の規格品は、それぞれ装着口などが異なっているので、そのメーカーの万年筆にしか使えませんが、ヨーロッパ型の製品ならば互換性があります。ただし、万年筆本体とは違うメーカーのインクを使用することは、カートリッジに限らず、お勧めできません（詳しくは、第二章四九〜五一頁参照）。

カートリッジの装塡の仕方は簡単です。一般的には、万年筆の胴軸を外すと、首軸についた受け口が現れます。この受け口にカートリッジをまっすぐ差し込むと、結合時に受け口の突起がカートリッジを破り、インクがペン先へと流れ始めます。インクが切れた時には引き抜き、新しいカートリッジと交換すればいいだけです。

ただし、中には特殊なケースもあります。

たとえば、モンブランの「ボエム」シリーズは、蝶番になっているペンの後端部（尻軸）を開き、そのまま回転させるとカートリッジが出てくるという仕掛けになっています。

そういった独自の機構を採用している製品もありますので、カートリッジ装填にあたっても、使用説明書の確認をしておくことをお勧めします。

両用式――コンバーターについて

このカートリッジ式を発展させたものに、「両用式」と呼ばれるインクの補充方式があります。万年筆を扱った書籍や雑誌には、「吸入式」「カートリッジ式」「両用式」という具合で「三大方式」として紹介されていることが多いのですが、原理から考えれば、両用式というのはカートリッジ式の中に含めて考えることができます。

両用式がなぜ、「両用」なのかといえば、カートリッジも使用でき、かつ、ボトルインクも使えるからです。それを可能にしているのはコンバーターという装置で、万年筆本体の附属品となっているか、あるいは、別売りというかたちで販売されています。

万年筆の本体側にあるコンバーターの受け口は、カートリッジの受け口と同じですので、万年筆自体はカートリッジ式であり、つまるところ、コンバーターというのは、「吸入できるカートリッジ」という発想になります（図10）。

カートリッジとボトルインクと両方、使えるということで便利に思える両用式の万年筆ですが、コンバーターは、つけ外しを繰り返していると、本体との接続部が緩くなり、インク漏れが起きる可能性が高くなります。いったんコンバーターを取りつけた場合は、メンテナンス（洗浄など）する時以外には外さないほうがよいでしょう。

どの補充方式がいいのか？――メリットとデメリット

インクの補充方式ごとに万年筆の仕組みを見てきましたが、市販されている中で一番多いのは両用式で、次が吸入式。カートリッジしか使えないタイプが少数派となっています。この三種内で、どの補充方式を選ぶのがいいのでしょうか。

値段からいえば、吸入式が一番高い傾向にあります。機構が複雑で、その分、製作費がかかるからです。一方、構造が一番単純なのはカートリッジしか使えないタイプで、これが一番、安価です。

ただし、インクのコストパフォーマンスから見ると、結果は逆になります。つまり、カートリッジ式が一番コストパフォーマンスが悪く、吸入式、両用式のコンバーター使用時のほうが安くあがります。単純にいって、同じインクの量を使用するのであれば、違いは容器だけ。瓶とカートリッジなら、瓶のほうが安いというのは一目瞭然ですよね。ただ最近では、デザインに凝った高価な瓶も出てきていますが、そうでないかぎりは、カートリッジインクより瓶のほうがお得です。

そのため、長い期間にわたってかなりの文字を書く人であれば、吸入式のほうがいいでしょう。万年筆の本体価格が高くても、インク使用のコストパフォーマンスの良さで差額をカバーできるので、最終的にはお得かもしれません。しかも、カートリッジ式と比べると、吸入式は万年筆の胴体自体がインクタンクとなっているので、インクの貯蔵量が多いのが特徴です。頻繁に起きるインク切れや、カートリッジの交換などに煩わされることなく、万年筆を使うことができます。

一方、万年筆をあまり使用しない人、あまり文字を書かない人は、カートリッジ式のほうが向いていると思います。インクは一種の生もので、瓶のフタをあければ必ず劣化が始まります。長期間、インクを使わずに放置すれば、劣化するのは当然のこと。その点、カートリッジであれば、必要な分のインクだけ、コンディションのいい状態で使用することが可能になります。

出張や出先で書き物が多い方は、インクの持ち運びを考えると、カートリッジ式のほうが利便性がありそうです。

補充方式と万年筆トラブルについて

ここまで料金や使用頻度ということをポイントにして、どの補充方式がいいのか見てきましたが、もう一つ万年筆選びに欠かせないことがあります。それは、メンテナンスの手間や手入れの仕方を念頭において選ぶということです。

万年筆をめぐるトラブルで一番多く、時として致命傷につながるのは、実はインクをめぐる問題です。インクの汚れを放置しておくだけで、万年筆は確実に傷みます。

そのため、初心者の方に吸入式は、あまりお勧めできません。まず、インク吸入に手間が掛かるうえ、吸入後のインク汚れにも対処しなければならない。たとえば、ペン先のつけ根（差し込み口）の周辺は、吸入時にインクに浸されるわけですが、そういった細かい部分も、きれいにふきとる必要があります。さらに、胴体自体がインクタンクなので、ペン先のつけ根や、首軸と胴軸のつなぎ目からインクが漏れたり、インクがピストンの隔壁を越えてペンの後端部に流れ込んでしまうという故障が発生することもあります。

また吸入式は、機構が複雑です。国産や、海外の一部の優良メーカーであれば、めったに故障することはありませんが、もちろん故障がないわけではありません。さらにいえば、メンテナンスをするには、その機構の複雑さをちゃんと踏まえながら、インクタンクとなる胴軸内部も洗浄しなければならないので、万年筆初心者にとっては少し負担がかかるかもしれません。

では、両用式のコンバーターはどうでしょうか。

機構＝メカニズムをめぐるトラブルやメンテナンス時の負担など、吸入式に比べればラクに思えますが、もちろん吸入式と同じトラブルは起こりえます。コンバーターといえども、機構は基本的に吸入式と同じなのですから、当然といえば当然。さらにいえば、コンバーターには、吸入式では起こりえない事故も発生します。

たとえば、インクを吸入する時、コンバーターではなく他のところにインクが入ってしまうというトラブル。そして、行き場を失ったインクがグリップあたりに滲み出て、キャップが汚れる。インクが酸性だと、キャップから広がったインク汚れが、万年筆の各部をつなぐ重要な金属部品をも腐食させる怖れもあるのです。

これが吸入式であれば、最初からインク漏れも想定しているので、ペンの先端などには酸性インクに耐性のある素材や部品を使うといった工夫が凝らされています。が、コンバーター使用を前提とした万年筆には、そこまでのケアはされていないのが実情です。

そのため、使い慣れていない方にとってはカートリッジでの使用がベターで、無難かと思います。カートリッジはインクを扱う負担を軽くし、万年筆の外部、内部ともに、インクで汚れてしまうということはほとんどありません。つまり、カートリッジのほうが断然、万年筆をきれいに保つことができ、良好な状態で長く使えるのです。ちなみに万年筆選びの「原点」としてお勧めした国産の三本――パイロット「カスタム74」、セーラー「プロフィットスタンダード」、プラチナ「#3776センチュリー」は、すべて両用式で、カートリッジ使用が可能です。

ここまで①字幅（用途）、②書き味、③インクの補充方式という三つのポイントから選び方を検討してきました。字幅、書き味については万年筆初心者であっても、試し書きの中から好みのものを探すことができます。しかしインクの補充方式については、初心者には少しやっかいなため、あえてカートリッジ式をお勧めしました。少々強引でしたが、これはなぜなら、補充方式には「インク」という問題が絡んでいるからです。

万年筆にとってインクは非常に重要です。そしてこのインクによって、万年筆は常にトラブルと隣り合わせの状態にあります。

インクの扱いは、慣れないうちはある種の「鬼門」かもしれません。カートリッジは、その「鬼門」のハードルを少し下げてくれるのにうってつけのメカニズムです。ただし、カートリッジを使用しているからといって、インクのトラブルがなくなるわけではありません。

次の章では、インクについて、詳しく説明したいと思います。

第二章

インクと万年筆の正しい関係

1　インク選びのコツ

万年筆にやさしいインク選び

近年、万年筆の使い方が、変わりつつあります。滑らかな書き味や抑揚のついた独特の筆跡から、ビジネスからプライベートまで利用されている万年筆ですが、今、その愉しみ方に、「色」という要素が加わってきたのです。それを支えているものが、インクであることは言うまでもありません。

かつてインク自体は、万年筆本体のデザインバリエーションに比べ、そこまで注目されず、定番のブラック、ブルーブラックを中心に色数もごく限られたものしかありませんでした。

流れが変わってきたのは二〇〇七年。最初のきっかけは、パイロットが「iroshizuku- 色彩雫」というインクシリーズを発売したことにあります。

「万年筆に親しみ、〝書く時間〟そのものが楽しくなってきた方へ、次にお勧めしたいのは〝インキの色で遊ぶこと〟」というコンセプトのもと、日本の美しい情景をモチーフに二四色で登場したのが「色彩雫」。同じブルーでも、「朝顔」「紫陽花」「月夜」「孔雀」「深海」と微妙な色合いの差異にこだわったものや、オレンジの「冬柿」「夕焼け」、茶系の「土筆」「山栗」、グリーンの「竹林」「深緑」

……、命名からも豊かな個性がのぞくラインナップで、これが大ヒットしたのです。

同じ年には、「Kobe INK（神戸インク）物語」というシリーズも登場しました。

このシリーズは、神戸にある老舗文房具店、ナガサワ文具センターが企画し、メーカーに依頼して開発したもので、「六甲グリーン」「波止場ブルー」「旧居留地セピア」といった神戸にちなんだネーミングの色を次々と発表し始めたのです。これも大ヒットし、海外でも好セールスを記録。二〇一八年末の時点で、その色数は七〇に達しています。

銀座・伊東屋初のインクイベント
「INK.Ink.ink! ～インク沼へようこそ～」

この「神戸インク」に刺激を受けて、オリジナルインクを出す会社が次々と現れ、函館の石田文具による「函館トワイライトブルー」「函館カレー（茶色）」など、〝ご当地〟インクも次々と登場しました。

こうした日本のインク人気により、海外のインクにも注目が集まります。

イギリスのダイアミン社やドイツのローラー&クライナー社は、その代表格というべきインクメーカーで、この二社の製品が市場に出るようになってからブームはさらに過熱しました。二〇一七年にはそれに輪をかけるかのように、ポーランドのカヴゼットインク全六二色が日本市場に登場します。

こうして、インクは色数の増加とともに、その愛好者を着実に増やしています。

私たち伊東屋本店でも、二〇一八年九月にインクフェアを開催し、世界中から四二ブランド約一〇〇〇種を仕入れ、試し書き体験と販売をいたしました。わずか八日の期間限定ではありましたが、口コミで約二〇〇〇人ものお客様がいらしてくださり、連日、大盛況。あらためてインク人気を実感しました。

インク好きのお客様の中には、他にない色を楽しめれば、万年筆にはさほどこだわらない人もいらっしゃいます。

インクを楽しむために万年筆を買うというのも、けっして間違いではありません。ただ、どれほどインクを揃えても、肝心の万年筆がちゃんとしたパフォーマンスができなければ、意味がありません。そして、繊細な万年筆ゆえ、絶対に相性があわないインクというものがあるということを、インク人気の今、ぜひ知っておいていただきたいのです。

たとえば、モンブラン１４９という最高の万年筆を買った方がいます。せっかくいい万年筆を手に入れたのだから、時間が経っても色が薄れないインクを使いたい、と思ったとします。ネットで調べると、顔料インクが一番、消えにくいと書かれていました。「よし、モンブランにこのインクを使えば、鬼に金棒だろう」。早速、モンブランに、モンブラン以外のメーカーの顔料インクを吸入します。

しかしこれは非常に危険で、トラブルが起きやすい組み合わせなのです。もし、これでインク詰まりや故障が起きると、パーツ交換費用として、それなりにいい万年筆が一本買える料金を払わなければなりません。勉強代といってあきらめるには、いささか高い額です。

ちなみにこれは、万年筆、インクのどちらが悪いのでもありません。ただ、組み合わせが悪かっただけなのです。いったい何が問題だったのでしょうか。

ここでは、そういった長く大事に使うために知っておきたいインク選びのルールについてお話ししたいと思います。

インク選びの「原則」

たとえば初めて万年筆を使う方であれば、最初にどんなインクを選べばいいのでしょうか。

実はインク選びには、ひとつの原則があります。「鉄則」ではないので例外はありますが、ただ、この原則に従えば、大きなトラブルに見舞われることは、まずない、という大事な原則です。

万年筆には、だいたいコンビとなるインクがあって、そのインクは、万年筆が一番いいパフォーマンスができるようにつくられているものです。ですので、本来その万年筆の設計者がつくったインク――つまりは、万年筆メーカーと同じ会社がつくった、いわゆる純正インクを使うのがお勧めです。

「どんな万年筆がいい万年筆なのか」という理念は会社によって違います。この理念が違うから、できあがる万年筆も会社によって異なってくるわけです。

たとえばパイロットであれば、インクが滞ることなく、ユーザーがストレスを感じずに書けるということ、そして日本語の文字が美しく書けることを追求しています。すると、インクがペン先からスムーズに、かつ、たっぷりと出るように万年筆本体とインクを設計します。

プラチナには、ヘビーユーザー向けという設計理念があります。つまり、頻繁にノートに文字を書いたり、メモをとったり、あるいは、原稿、書類といったものを手書きで書く人に向けた万年筆をつくろうとしています。その場合、インクの出る量が多いと、書くそばから手で文字をこすって汚してしまうこともあります。それを避けるため、インクの出る量は適度に抑えるように、万年筆本体とインクを設計しています。

もし、A社の万年筆にB社のインクを入れるとすれば、どうなるか……。万年筆は最高のパフォーマンスができなくなるはずです。先ほどのモンブランと顔料インクの例のように、あるいはさらに極端な特徴をもつ万年筆とインクを組み合わせてしまうと、故障の危険性はより高くなるわけです。実際、私たちのもとには、違ったメーカーのインクと万年筆を使ったがためのトラブルに見舞われたお客様が、修理の依頼にたびたびいらっしゃっています（もちろん、違うメーカー同士でも問題がない場合はあります）。

さて、ここでひとつ、疑問が湧きます。インクだけをつくっていて万年筆を製造していないメーカーは、果たしてどのような万年筆にあわせてインクを設計しているのでしょうか。

実は、それを公表しているインクメーカーはありませんし、販売店や代理店も把握できていません。実際に使ってみるまで分からないのです。相性のいい組み合わせもあるでしょうが、当然、悪い組み合わせもあるはずです。

ただ、万年筆とインクを両方つくっているメーカーでも、実は万年筆本体とインクの設計を連動して行っていないことも実際にはあるようです。だいたい、誰もが一度、名前を聞いたことがあるような大手有名メーカーであればそんなことはまずないのですが、たとえ有名メーカーであっても、インクを他社に製造させている会社もいくつかあるらしいですね。

身も蓋もないように思われる方もいらっしゃるでしょうが、そんな理由で、純正インクであっても一〇〇パーセント問題がない、とは言いきれないのです。それで「鉄則」ではなく「原則」という言葉をつかったのですが、そうはいっても、同じメーカーの純正インクを使うのが、一番トラブルが少ないのは間違いないはずです。

2　インク粘度と表面張力の話

インクのスピード

前の節で、各社の設計思想の違いと、それによって生じるインクの出る量の違いについてお話ししました。ところで、どのように調整すれば、インクの出る量を増やしたり、減らしたりできるのでしょうか。

インクがたくさん出るということは、インクの流れ具合がいい――つまり、流れるスピードが速いということになります。一方、量を抑えるには、インクの流れ具合を遅くすることになります。そして、それを調整するカギとなるのが、粘度と表面張力という二つの要素です。

粘度とは文字通り、そのインクの粘り具合のことで、粘度が大きければインクの流れるスピードは遅くなり、粘度が低ければ速くなります。これを機能付与剤と呼ばれるもので調整し、目指すスピードを持ったインクをつくるわけです。

一方、表面張力は、インクの流れるスピードとどのような関連があるのでしょうか。

「表面張力」と聞くと、コップに入った満タンの水の表面が、丸く浮き上がっている光景を思い浮かべる人は多いかと思います。これは水の分子同士がお互いに引き合っていることから生じる現象です

（図11）。つまり、コップの体積よりやや多めの水を入れても、分子同士が引き合っているため、その引き合う力を超える量が入るまではコップから水はこぼれず、水面が浮き上がるのです。

では、なぜ、その水面が丸く張るのでしょうか。

そもそも液体には、他の物質、他の液体と触れる表面をできるだけ小さくしようとする性質があります。そして、同じ体積の液体であれば、一番、表面積が少ない形は球形となります。宇宙空間に液体を出すと球形になったり、シャボン玉が丸いのもこういった理由によります。そのためコップからあふれそうになる水面も、丸く張るのです。

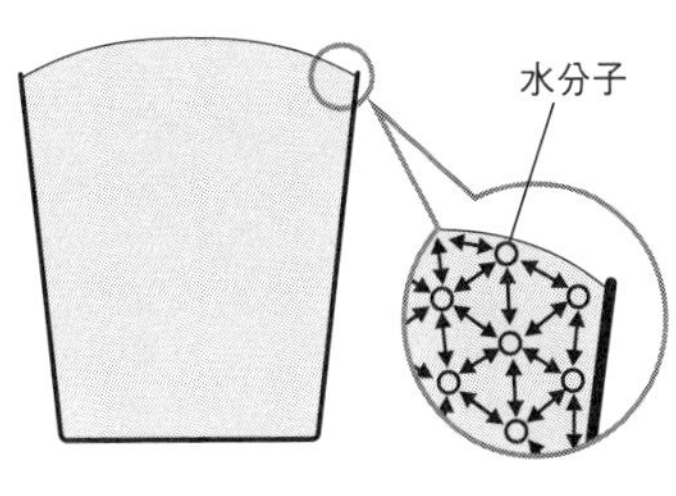

図11　表面張力　引き合う水分子

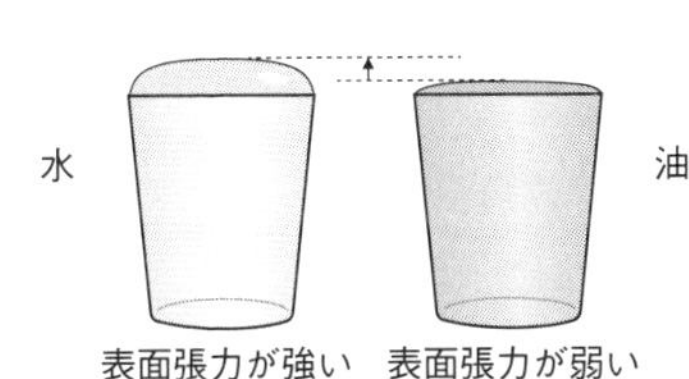

図12　表面張力　水と油の比較

この表面張力は、液体によって異なります。たとえば、水と油では、油のほうが張力が小さいので、コップに注いでも液面が水ほど丸く浮かび上がらず、コップからこぼれてしまいます（図12）。つまり、表面張力の弱い油のほうが分子間の引き合う力が弱く、流れやすいということになります。

インクも、使われている成分とその割合によって表面張力が異なっており、表面張力が強いものは流れにくく、弱いものは流れやすいのです。時々、インクの出てくる速度が自分の書くスピードに追いついてこないというお客様がいらっしゃるのですが、そういった方は、表面張力が弱いインクのほうがいいということになります。

表面張力の調整

インクの製造時、表面張力を調整するのに使われる成分に界面活性剤があります。界面活性剤は、石鹸や洗剤に含まれていることで知られています。この界面活性剤が入っているおかげで、本来、混じり合わない水と油が混じり合い、汚れを落とすことが可能になるわけです。なぜなら、水の分子同士の引き合う力、油の分子同士の引き合う力を界面活性剤が小さくするからです。図解してみましょう（図13）。

分子同士の引き合う力は、一種の網のようなバリアーを形成し、他の分子が入ってくるのを防いでいます。そして引き合う力が強ければ強いほど、この網の目は細かくなるのですが、引き合う力が弱いと、網の目は粗くなり、他の分子が入り込みます。こうして、水と油は混ざることが可能になるのです。

これと同様、インクに界面活性剤を多く入れれば分子同士の引き合う力は弱くなるので、表面張力は弱くなり、流れやすくなります。逆に、流れにくくしたい時は、界面活性剤の量を減らします。実

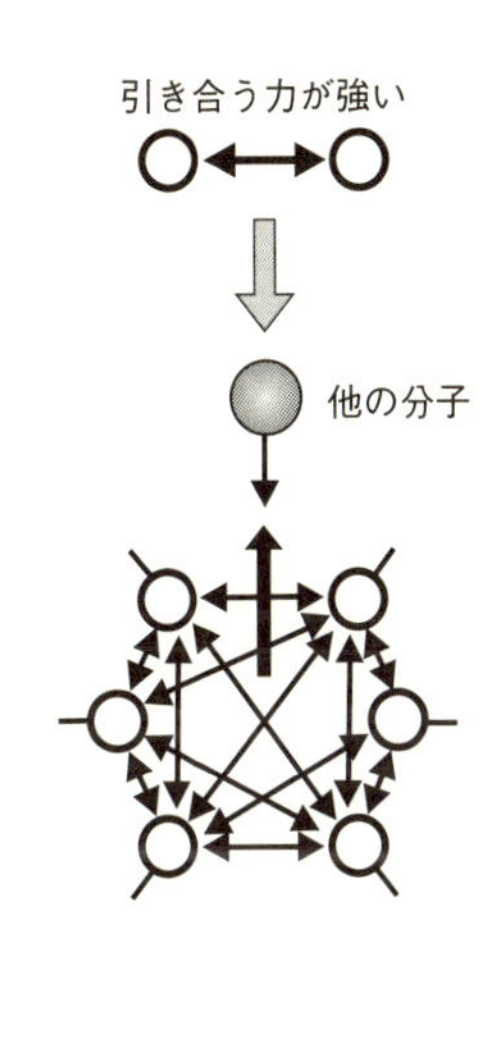

図13　分子の引き合う力とバリアー

際、インクの流れを抑えるという設計思想でつくられているプラチナのブルーブラック・インクは、界面活性剤を使っていません。

浸透度とインクの書き味

粘度や表面張力は、スピード以外にもインクの性質にかかわります。

ひとつは、浸透度です。

表面張力が弱く粘度が低いインクは、流れがよく、さらさら書けるインクとなりますが、その一方で浸透率が高くなる――つまり、紙へ浸透しやすく、文字が滲み、裏移りしやすくなるわけです。逆に、表面張力が強く粘度が高いインクは紙に浸透しにくいものとなります。前述のプラチナは、文字の滲みを避けるという設計思想がありますので、インクの粘度や表面張力を上げて、浸透率を低くしています。

また、インクにも「書き味」があるとよく言われていますが、これは粘度によるものなのです。粘度があるということは、ある種の、ぬめりがあるということで、このぬめりが、金属でできているペンポイントと紙のあいだに入ることで摩擦が軽減され、書き味が滑らかになる——。滑らかに書くのがお好みであれば、粘度が高いインクのほうがいいですし、むしろ滑らかすぎると書きにくいという方であれば、粘度の低いインクのほうがいいということになります。

また、粘度は思わぬかたちで、万年筆の本体に影響を与えることがあります。

たとえば吸入式の万年筆ですと、ボディ自体がインクタンクになるので、持ち手＝グリップのあたりからインクが漏れることがあるのですが、インクの種類によっては漏れが加速されてしまうことがある、つまり、粘度が低いインクほど漏れが激しく、粘度が高いものほど漏れ具合が少ないのです。

このように書くと、粘度の高いインクのほうが、万年筆に与えるダメージが少ないと思われてしまうかもしれませんが、メンテナンスの面からみると、粘度が低いほうが洗浄しやすいので、一概に粘度が高いほうが万年筆にやさしいインクだとは言えません。

棚吊りとは何か

インクをめぐるトラブルのなかで、よく起きるもののひとつに、「棚吊り」というものがあります。

インクタンク中のインク量が少なくなると、インクが壁面に張りついてしまい、ペン先のほうに流れてこなくなるという状態です。昔の水銀の体温計のように振ってみても、動かないのです。これはインクの吸入方式――つまりカートリッジ、コンバーター、吸入式にかかわらず起きるものです。

小学生の頃、コップの水にストローを入れ、上部の穴を指でふさいだままストローを取り出すと、水がストローの中に入ったまま落ちてこないという実験をされたことがある方は多いと思います。実はこれと同じことが、棚吊りでも起きているのです。

ストローのように細い管ですと、中に入った水の下側の水面に表面張力が働きます。先ほども説明したとおり、表面張力とは液体の分子同士がお互いに引き合って起きる現象で、その引き合う力が一種の網のようなバリアーを形成しているわけですが、ストローの外の大気圧は、このバリアーを破ろうとします。もし、分子同士の引き合う力が弱ければ、大気圧はこのバリアーを破り、それと同時に水はこぼれ落ちるのですが、引き合う力が強い――つまり、表面張力が強いと、バリアーは破れないまま、水は落ちてきません。

つまり、表面張力の強いインクほど、棚吊りは起こりやすくなるのです。

これを防ぐために、万年筆メーカーはいろいろな工夫をこらしています。

たとえば、カートリッジの中には、内部の表面がギザギザ状になっていたり、少し突起した縦筋が入っていたりするものがありますが、これがあることで、細い管の中であってもインクの表面張力は働きにくくなります。また、パイロットのコンバーター「CON－40」には小さな金属球が四粒入っていますが、この金属球が動いてインクに当たることで表面張力を壊すように、その金属球の大きさ、数が設計されています（図14）。

棚吊りは、純正のコンバーター、純正のインクを使用していても起きるもので、完全な対処方法というものがないのですが、表面張力が強いインクでは起きやすいということは意識しておいたほうがいいでしょう。

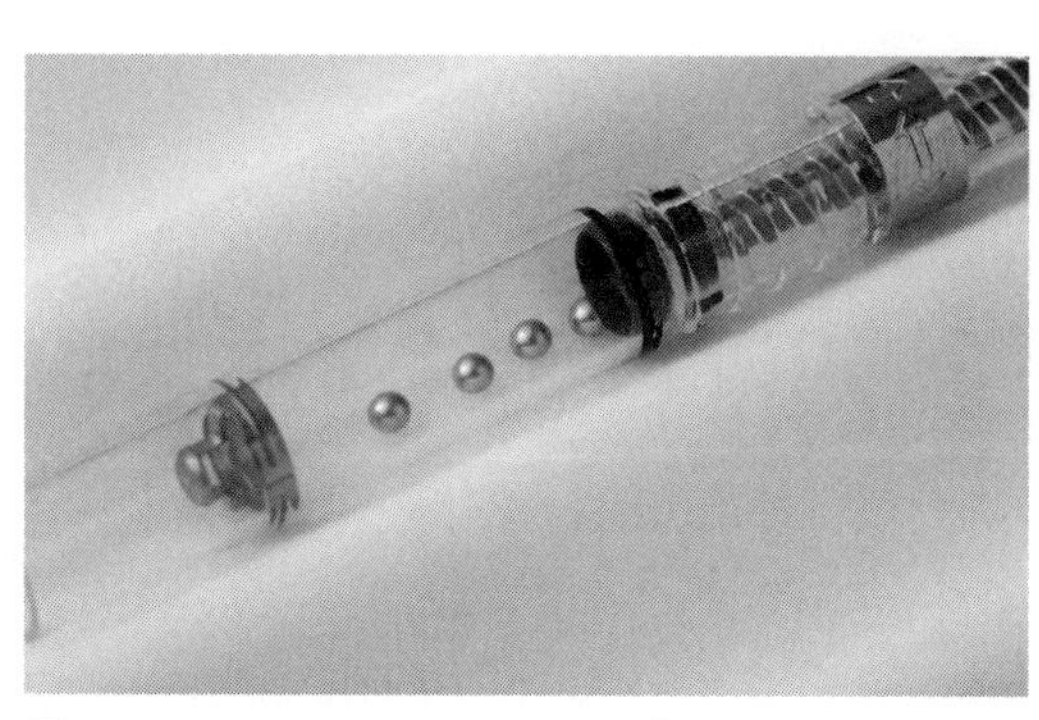

図14　パイロットのコンバーター「CON-40」
4つの金属球が入っている。

3　色材について

染料インクと顔料インク

万年筆のインクには、「基本の三色」と呼ばれる色があります。ブラック、ブルーブラック、ブルーの三つで、押さえておきたい色といえます。

この三色についてはおおむね、どの万年筆メーカーでも製造しています。つまり万年筆と同じメーカーがつくった純正インクがある、インク選びの原則にも適った心強い存在なのです。オーソドックスな色として、公式文書の記入の際にも広く受け入れられています。

この三色は、今後、さまざまなインクを愉しむうえで、比較の原点としてください。つまり、第一章の試し書きで字幅を見ていく時、Mを基準に比較していったのと同様、基本の三色を座標軸の「原点」に置いて、紫や緑といった色を見ていくのです。すると、「最初の一本」を選んだ時と同様、インクの色に関しても自分のストライクゾーンが分かってくるでしょう。

ただし、「基本の三色」を選ぶにしても、気をつけなければならないことがあります。

万年筆本体とは違って、インクには高級品と廉価品といった区別はありません。たとえば、A社のつくる製品に上質なブルーブラック・インクと安価なブルーブラック・インクの二種類があるといったことは基本的にはないのです。高価な万年筆を手に入れようとも、手頃な万年筆を購入しようとも、A社のブルーブラック・インクを使うとすれば、同じものを使うことになります。

ただ、メーカーによっては、同じ色でも色材が異なった二種類のインクを製造している場合があります。気をつけなければいけないのは、まさにこの点なのです。

色材とは文字通り、色の素となる成分で、主に「染料」と「顔料」の二つがあります。そして、この二つは性質上、大きく異なっています。ですので、同じブルーブラックだからといって、その違いを理解しないままに使用すると、ほぼ確実に、万年筆本体はトラブルに見舞われることになります。

そうならないためにも、この二つの「色材」について、詳しく見ていくことにしましょう。

耐水性と耐久性

色の素である染料と顔料には、植物などから採った天然のものや、化学的に合成したものなど、さまざまな種類があります。日用品でいうと、衣服などの繊維は染料、化粧品などは顔料で着色されています。どちらも色のついた粉末で、見た目に大きな違いはないものの、染料は水や油といった液体に溶けますが、顔料は溶けません。

染料インクは、粉末が溶けてしまっているので、塩水や砂糖水と同じようなものですが、一方の顔料インクは、細かい粒子が液体の中に浮遊している状態です。この違いが、万年筆のインクとなり実際に紙の上に書いた時、さらに大きな差として現れることになります。

染料インクは、紙の繊維質に浸透することで着色します。つまり、液体化した色の粒子が紙の中に染み込むため、染料インクで書いた文字は、鮮やかで透明感のあるものとなります。一方、顔料インクのほうは、色の粒子が紙に浸透せず、表面にとどまることで着色するので、はっきりとした筆跡となります。浸透しない分、粒子が紙の上にしっかりと付着しなければなりませんので、顔料インクには展色剤という一種の接着剤のようなものが入っています。それで、染料インクよりも高めの値段になっていることが多いようです。

染料インクは水に溶けるので、紙に書かれた文字に水滴などがかかると、当然、滲んでしまいます。また、長時間経つと消えてしまうこともありますが、これは紙に染み込んだ染料が乾燥して、粉となって空気中に消えていくからです。特に赤の染料インクはこの傾向が強く、赤いインクを使っている万年筆は、キャップなど細かい空気の出入りがある部品に赤い粉が溜まったりします。

一方、顔料インクで書かれた文字は水に濡れてもかすむことなく、時間が経っても文字が消えません。耐水性、耐久性ともに優れています。

リスクが高い顔料インク

こうして染料インクと顔料インクを比べると、顔料インクのほうが優れているように思えます。顔料インクの製造メーカーも、書いた文字が消えない、長期保存もできるということを売り文句としていますので、誰もが使いたくなるでしょう。実際、顔料インクは好調に売り上げを伸ばしています。

ただ、必ずしもいいことばかりがあるわけではありません。

顔料は、水に濡れても文字が消えないわけですが、それは同時に、水で洗っても汚れが落ちにくいということも意味します。もし、万年筆本体のどこかでインク詰まりが発生したならば、水で洗浄しても詰まりはなかなかとれません。いったんインクが固形化し、乾ききってしまうと、水につけたところで溶けず、もし、万年筆の内部で固形化してしまえば、分解して、ピストンなど内部部品を交換しなければなりません。

中でも、顔料としてカーボンを使っているインクは要注意です。もし、詰まりが発生した場合、層のように堆積してしまうカーボンは硬くて、取りようがなくなってしまいます。

ましてや、ペン芯の櫛溝（第三章一〇三頁参照）の中で固まってしまったら手の施しようもなく、ペン芯自体を交換しなければなりません。

吸入式やコンバーター使用の万年筆であれば、ペンの先端部の全体をインク瓶につけるわけですから、その危険性は非常に高くなりますし、実際、トラブルはかなりの数、起きています。いわば、得るところは大きいが、それだけにリスクが高い――ハイリターン・ハイリスクのインクなのです。

顔料インクを使用する場合は、そういったリスクも覚悟してください。そのうえで万年筆本体をこまめに手入れし、乾かないようどんどん使う。そうした意味では、万年筆初心者は、顔料インクは避けたほうがいいでしょう。染料インクは耐久性が低いといっても、「基本の三色」のような暗い色であれば五〜一〇年くらいはもちますし、まったく読めなくなることもほとんどありません。

顔料インクは、万年筆がどんなものかが分かってから使うほうがよい、と言えます。

明度に関わるリスク

ハイリターン・ハイリスクの顔料インクの人気が高まっている今でも、発売されている万年筆のインクのほとんどは染料インクです。色の種類についても、顔料インクの色数が増えているものの、染料インクにはまだ遠く及びません。この章の冒頭でとりあげた、色数の豊かさで注目されたシリーズにしても、すべて染料インクです。またインクを混ぜてオリジナルの色をつくれる染料インクも販売されています。もし、いろいろな色を楽しみたいと染料インクを使うのであれば、染料インクのデメリット——つまり、耐水性、耐久性に劣ることも知っておいてください。

また、「顔料インクと違って、メンテナンスの必要はあまりないだろう」と思って安心していると、痛い目にあうこともあります。というのも、染料インクであっても、インク詰まりが発生することがあるからです。特に明るさの度合い——明度が低い色は要注意です。

明るい色であれば、色材が少なくてもインクができます（透明な水に色材を少し混ぜただけでも、その水に色がついたことが分かるのが、いい例です）。ところが暗い色——たとえば、一番暗い色・黒になると、たくさん色材を入れないと透明感がなくならず、黒くなりません。つまり、透明度が低い色、明度が低い色ほど、使われている色材の量が多いのです。これは、染料インク、顔料インクのどちらにも共通することで、色材の使用量が多ければ多いほど、書かれた字の保存性は高くなります。同時に、万年筆本体が詰まる確率は高くなることも意味します。

ですので、顔料インクはもちろんのこと、染料インクであっても明度が低い色を使う時は、万年筆本体を頻繁に洗ったほうがいい、というわけです。

古典インクについて

万年筆のインクには、染料インク、顔料インクの二種類以外に、実はもう一種類、「古典インク」と呼ばれているものがあります。

これは顔料インクが登場する前、書かれた文字の耐久性、耐水性を高めるために開発されたもので、文字を書いている時点では青い色なのですが、時間の経過とともに黒っぽく変化していくので、「ブルーブラック・インク」とも呼ばれています。

古典インクには、成分として、ジーパンなどを染める藍色の染料インディゴ、タンニン（タンニン酸）、硫酸第一鉄（あるいは塩化第一鉄）が含まれています。タンニンはお茶にも含まれていることで有名な成分ですが、没食子（もっしょくし）と呼ばれるブナ科植物の葉にできるコブに含まれているので、「古典インク」を「没食子インク」と呼ぶ人もいます。

古典インクは、インク瓶に入っている状態では、タンニンと硫酸第一鉄が、タンニン酸第一鉄という水に溶けやすい状態になっており、ブルー系の色をしています。

ところが、このインクを瓶からとりだして文字を書くと、空気に触れることで、タンニン酸第一鉄がタンニン酸第二鉄へと変化します。酸化第二鉄というのは、簡単にいえば錆（さび）のことで、つまりは錆びることで黒へと変色し、水に溶けにくくなるのです。そして、インディゴがもたらしていた青い色は、乾燥していくとともに空気中に消失し、文字の色は最終的に黒に近い色になります。

以前は、「ブルーブラック」といえば、この古典インクのことを指していたのですが、今や、「ブルーブラック」と呼ばれるもののほとんどは染料インクで、変色などしない、単に、黒に近い青のインクでしかありません。色味も、古典インクと比べると、明るくなってしまった印象があります。中にはブルーブラックの色を再現しているつもりが、いつのまにか脱線して違う色になってしまった製品もあります。

現在、古典インク――昔ながらのブルーブラックを、日本国内で製造しているのはプラチナだけです。海外でも、かつてはモンブラン社、ラミー社、シェーファー社といったメーカーが古典インクを製造していましたが、今、万年筆メーカー製のものはほとんど見かけなくなり、一部のインクメーカーが製造している程度です。

ペーハー（pH）の問題

古典インクは、強い酸性を示すことから、注意して扱わなければならないことでも知られています。強い酸性を示すインクは、万年筆に使用されている金属部品にダメージを与えるからです。ペン先の素材に金が使われているのも、金が酸に強いという性質があるからということは、第一章でも記したとおりですが、もし、ペン先がステンレスの万年筆で、古典インクを使うとなると、ダメージは相当なものになります。

使っているインクのペーハー――つまりはそのインクが酸性なのか、アルカリ性なのかということは、古典インクだけでなく、インク全般について気をつけなければならないポイントです。というのも、酸性とアルカリ性のものが混ざると塩（えん）が生成されることはよく知られていますが、もし、酸性のインクを使用したあと、万年筆を洗浄せずアルカリ性のインクを使ったならば、生成された塩がぬめりとして現れ、インクの流れが詰まってしまうからです。

染料インクであろうが、顔料インクであろうが、インクにはそれぞれペーハーがあります。日本の染料インクは、アルカリ性のものが多いと言われていますが、青系統の色は比較的、酸性のインクが多いようですし、同じ色でもA社では酸性、B社ではアルカリ性といったケースもあります。

ところが、インクのペーハーというものは、瓶や箱などの包装には、一切、書かれていません。パイロットは、全製品が「中性である」であるとアナウンスしていますが、メーカーが、ホームページなり、マスコミ向けのプレスリリースでペーハーを公表することはほとんどありません。実際に購入して、自分自身でリトマス試験紙か何かで調べるまでは、分からないのです。

もし、インクを変えるのであれば、以前使っていたインクと同じ色であろうと、同じメーカーのものであろうと、違う製品であるかぎりは必ず万年筆本体を洗浄しなければいけないというのは、ペーハーの問題があるからなのです。

4　インクのトラブルとメンテナンス

乾燥と蒸発

ここまでインクの性質や成分についてお話しし、いかにインクの扱いに気を使わなければならないのか、お分かりいただけたかと思います。顔料インクの使用時はもちろんのこと、染料インクでも手入れを怠ればインク詰まりを起こしますし、インクを変える際には塩ぬめりを避けるためにも、必ず洗浄していただきたいのです。また、「インクを混ぜることはできないのですか」という質問をよく受けるのですが、今まで記してきたことを思い返していただければ、色材、粘度、表面張力、ペーハーが異なっているものを混ぜることなど、できないことがお分かりいただけるかと思います。ミックスが可能なインクというものもありますが、それ以外のものであれば、素人が混ぜあわせるのは厳禁です（伊東屋では二〇一九年二月より、横浜元町で「カクテルインク全五〇色」の販売を始めました。目の前でインクの調合をいたします）。

話を戻しましょう。インクに関して気をつけなければいけないのは、成分だけではありません。ちょっとしたことでも、トラブルを招くのがインクの怖さでもあります。

たとえばキャップの閉め忘れやキャップのゆるみも、トラブルを引き起こします。キャップがしっかり閉まっていないと、インク中の水分が蒸発して粘度が高まることで流れが悪くなりますし、ひどい場合には固形化し、詰まってしまいます。また、キャップを閉めていたとしても、長時間、万年筆を使わずにいると同じようなことが起きます。

「インクがなくなるのが速い」と言って修理の依頼にいらっしゃる方がいます。特にカートリッジを使用しているお客様に多いのですが、お話を聞くと、万年筆をあまり使っていないという方が多いのです。そういう場合は、インクがどこからか漏れていて減っているのではなく、使わない間に水分が蒸発してしまっていることがほとんどです。ましてや、カートリッジの場合、吸入式に比べて貯蔵しているインク量は少ないのですから、「インクがなくなるのが速い」と余計、感じてしまうのです。

メンテナンスの目安

インクを変える時、洗浄しなければならないのはもちろんですが、万年筆のパフォーマンスを正常に保つためには、定期的にメンテナンス＝洗浄をしたほうがいいでしょう。理想的なスパンをいえば、一ヵ月に一回の洗浄ということになります（メーカーの中には、もっと短いスパンでの洗浄を勧めているところもあります）。ただ、そういった理想の前には、たいてい「現実」が立ちはだかるもの。一ヵ月に一回というのは厳しいとおっしゃる人もいると思いますし、万年筆を数本、使い分けているような人にとっては、かなりの負担になるはずです。そういった方には、季節の変わり目などを目安に、二〜三ヵ月に一回くらいの割合で洗浄することをお勧めします。衣替えと一緒に万年筆の洗浄、と決めておけば、忘れずにケアできるはずです。

基本的に洗浄する部位は、インクの通り道——すなわちペンの先端部と、コンバーター使用の場合はコンバーター、吸入式であれば、インクタンクとなる胴軸の内部となります。

洗浄方法は、水洗いで十分です。インクの落ちが悪いからと、お湯を使う方もいますが、避けてください。万年筆のペンの先端部や、コンバーターや吸入式のピストンなどは、熱の影響を受けやすく、そのせいで製造時にしっかり調整されていたものにズレが出てしまうからです。

ペンの先端部の洗浄には、蛇口から少量の水道水を出して洗う、コップの水につけるといった方法があります（図15）。コップの水につける場合は、だいたい二〜三時間くらい、汚れがひどい場合は一日つけておくのがお勧めです。

コンバーター使用の万年筆や吸入式の場合は、先にコンバーター、吸入タンクの内部を洗ってから、ペンの先端部をとり外したうえ、洗浄します。

コンバーターや吸入式のインクタンクの内部は、インクを完全に除去したのち、コップなどの容器に水を入れ、インクの色が出なくなるまで水の吸入、排出を繰り返すことで洗浄します（図16）。コップを二つ用意し、きれいな水の吸入用、汚れた水の排出用と分けて行うと、効率よく洗えるでしょう。また、けっして、コンバーター全体、胴軸自体を水につけ置きしてはいけません。吸入する機構

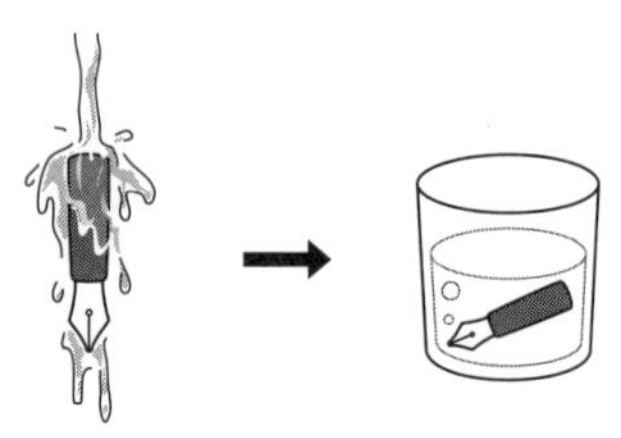

流水ですすいだあと、ペン先を水につけ、
柔らかい布で水分をふきとります。
簡単な汚れなら、これで落ちます。

図15　ペン先の水洗い

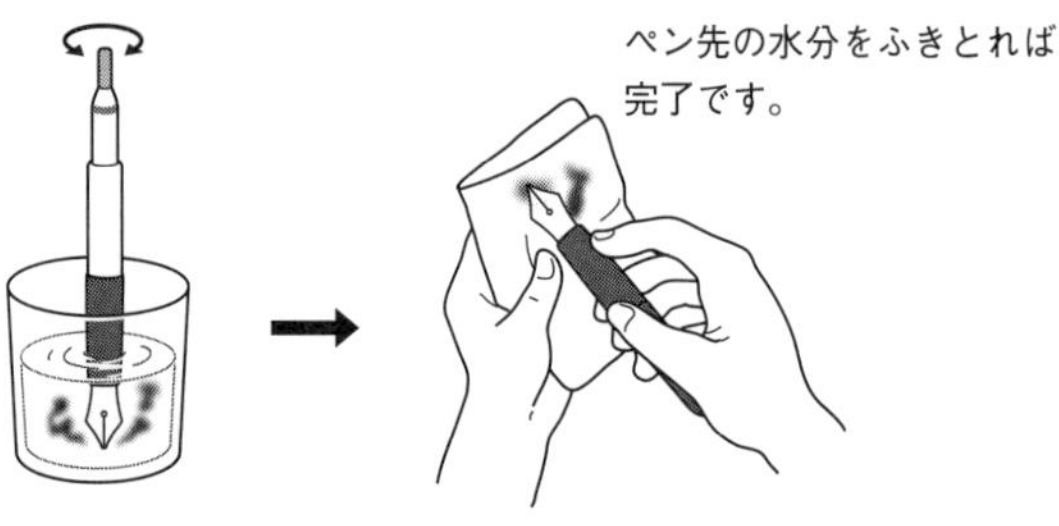

コップの水を取り替えながら、インクの色が出なくなるまで吸入、排出を繰り返します。
ペン先の水分をふきとれば完了です。

図16　コンバーター、吸入式のインクタンク洗浄

にダメージを与えることもありますし、胴軸には水に弱い材質、製造法でつくられているものもあるからです。

ペンの先端部にせよ、コンバーター、吸入式万年筆にせよ、洗浄が終わったあとは、柔らかい布やティッシュで水分をよくふきとり、日陰でしっかりと乾かしてください。ペンの先端部とカートリッジ、あるいはコンバーターの接続部は乾きにくい箇所ですが、水分が残ったままだと、接続時にその水分がインクとつながって引っ張り出してしまい、胴軸内やキャップ内に広がってしまう怖れがあります。

インクは万年筆の血液

万年筆のトラブルは、製造時のミスによる

初期不良を除けば、その大半は手入れ不足——つまりは、インク汚れが元になって起きるものです。川は流れていないと、水が澱んできます。インクもそれと同じ。ちゃんと流れていないと、万年筆の内部が汚れてきます。内部の汚れをとるだけではなく、流れを止めないためにも洗浄は必要なのです。

インクの流れを保つ一番いい方法は、万年筆を使い続けることです。つまり、インクが流れ続けていれば、澱むことはありませんし、逆に万年筆を使わなければ、インクという川は沼となり、澱んでいくのです。ですので、万年筆は使えば使うほど、手入れをする頻度は低くてすむようになります。

インクは人間の血液にも似ています。血液が流れ続けることで、その人は生きています。人によって流れる血液型は異なり、もし間違った種類の血液を輸血すれば、その人は死んでしまいます。万年筆のインクも、違う性質のものは入れず、放置せずに使い、インクを出し続ける。それが万年筆の「長生き」のコツと言えそうです。

カーター萬年筆用インキ

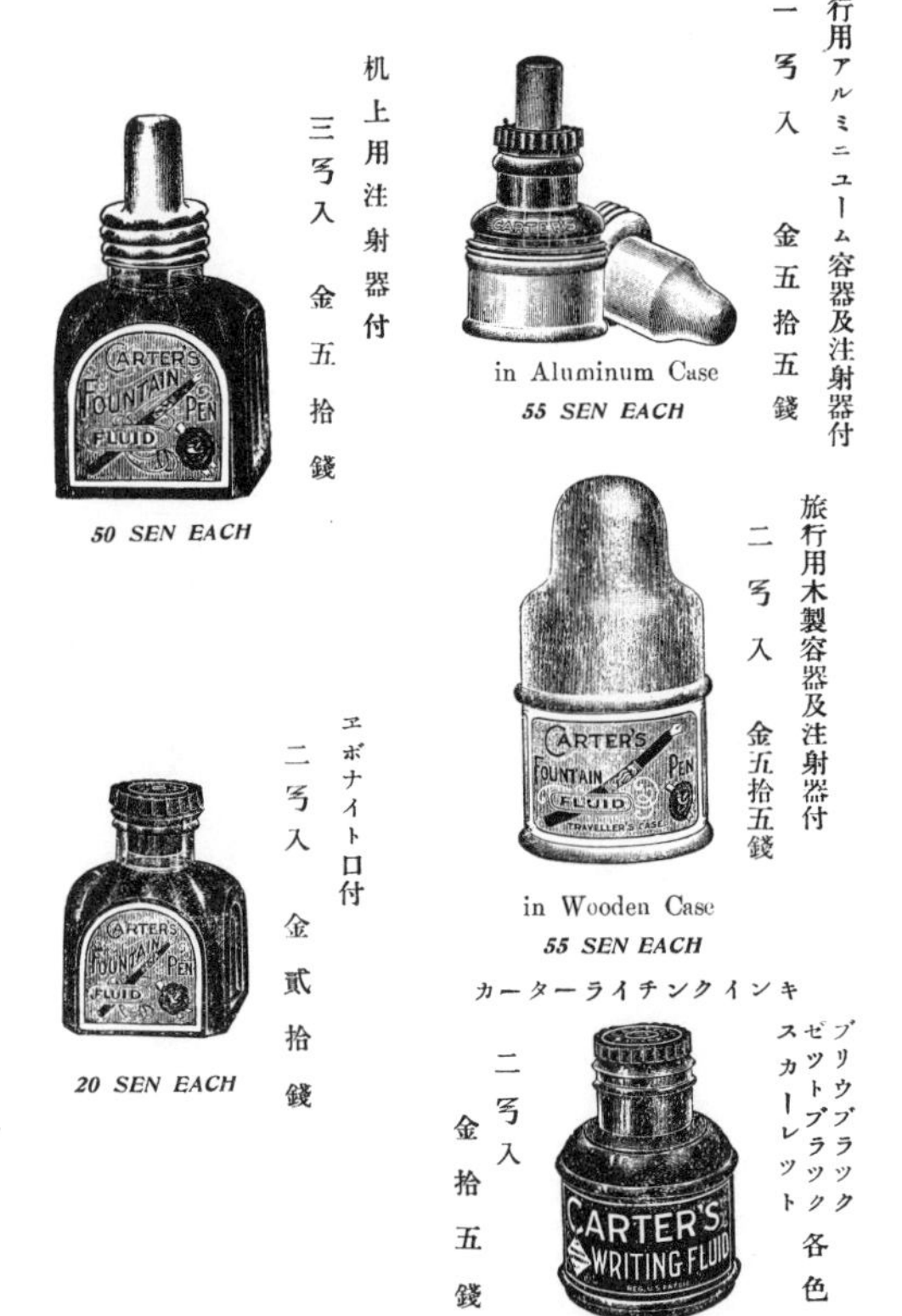

旅行用アルミニューム容器及注射器付
一号入　金五拾五錢
in Aluminum Case
55 SEN EACH
机上用注射器付
三号入　金五拾錢
CARTER'S FOUNTAIN PEN FLUID
50 SEN EACH
旅行用木製容器及注射器付
二号入　金五拾五錢
CARTER'S FOUNTAIN PEN FLUID
TRAVELLER'S CASE
in Wooden Case
55 SEN EACH
エボナイト口付
二号入　金弐拾錢
CARTER'S FOUNTAIN PEN FLUID
20 SEN EACH
カーターライチンクインキ
ブリウブラック
ゼツトブラック
スカーレット
各色
二号入　金拾五錢
CARTER'S WRITING FLUID
15 SEN EACH

明治43年４月１日改正版「伊東屋　営業品目録」より

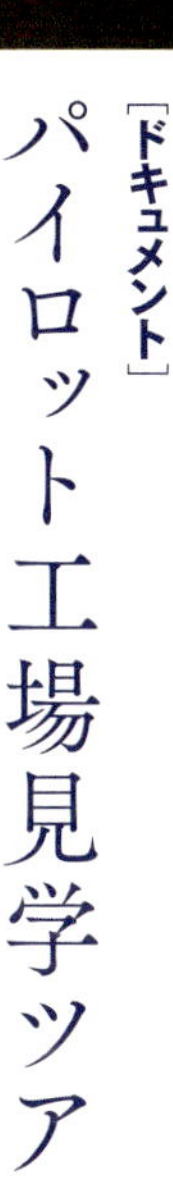

［ドキュメント］

パイロット工場見学ツアー

万年筆ができるまで

時計の業界に「マニュファクチュール」という用語があります。設計からデザイン、製造、組み立て、検査、調整、出荷まで、全工程を一貫して社内で行えるメーカーのことを指す言葉ですが、まさにパイロットは万年筆業界の「マニュファクチュール」。ペン先やペン芯はもちろんのこと、各パーツの接続部に用いられるリングまで、すべての部品の製造を塗装・メッキ加工までも含めて行っている、世界の万年筆メーカーの中でも稀有な存在です。

機械の生産性と精密性、そして人間の目、耳、手の感覚をフルに活かした繊細な作業が共存する――。

そんなパイロットの平塚事業所にお邪魔し、万年筆の生産工程を見せてもらいました。

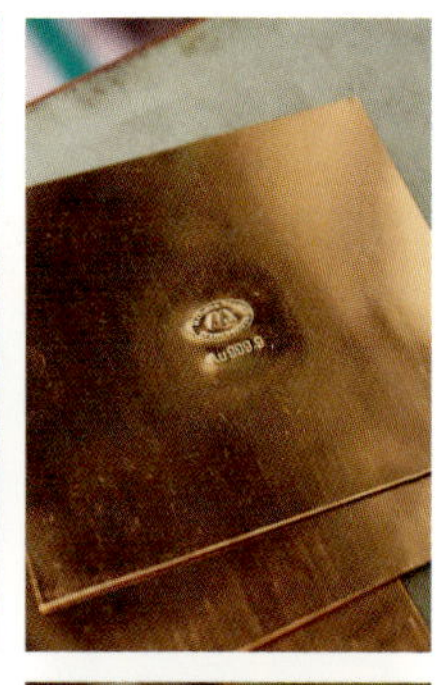

まず最初に、ペン先の素材となる合金をつくります。

材料となるのは、主役となる純金に、銀、銅、ニッケルなどを加えたもの。スポーツ競技大会のメダルではないのですが、金、銀、銅というのは、非常に相性がいいのです。

正確に計量された各素材は、炉に入れられたのち、約一三〇〇度の温度で溶かされます。もちろん炉にも温度計がついていますが、一三〇〇度と表示されているからといって、必ずしも適度な状態で溶けているとはかぎりませ

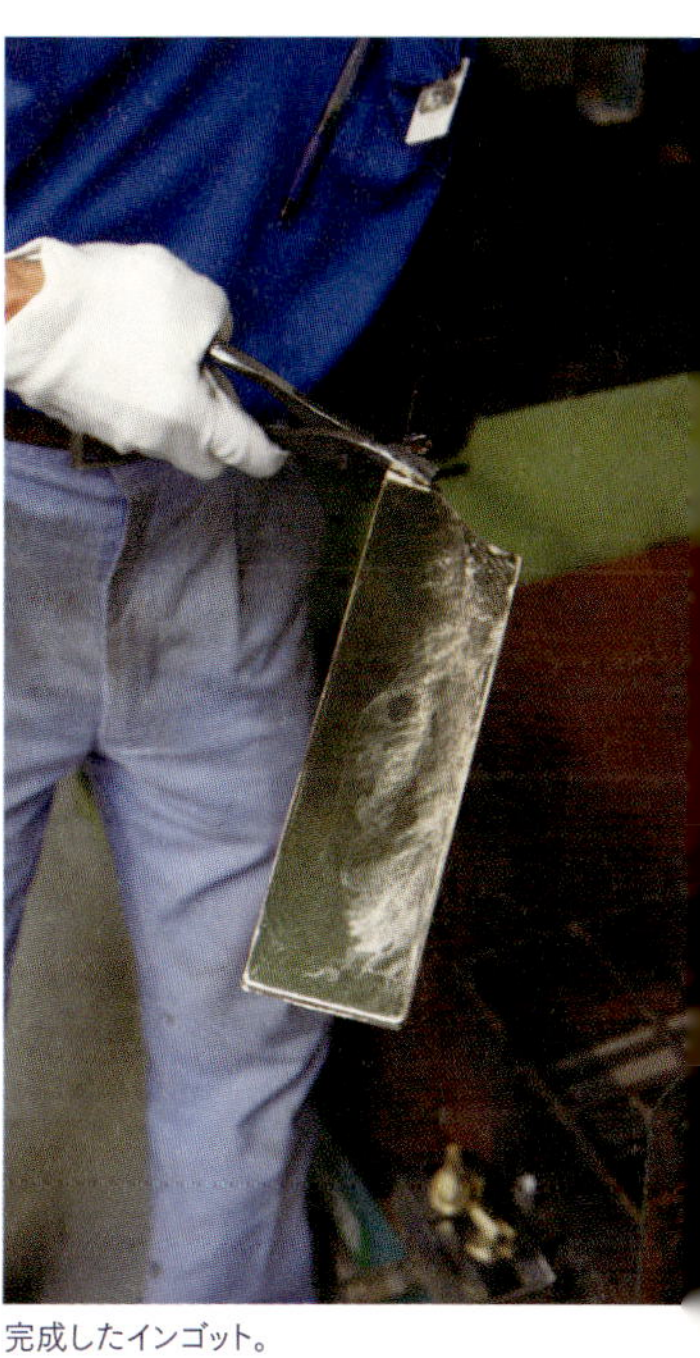

完成したインゴット。

ん。そのため最終的には、熟練した作業員が炉の中に炭素棒を入れ、手に伝わってくる感覚で溶解の状態を判断します。

溶けた素材は型に流し込み、凝固したのち水で冷やします。完成した合金は「インゴット」と呼ばれ、ひとつ当たりの重さは二・七キログラム。ここから、一〇〇〇本以上のペン先が製造されるのです。

インゴットを圧延機に通して、四メートルの帯状に延ばしていきます。

インゴットの厚みは、一四金であれば一二ミリ、一八金であれば一六ミリあり、これをそれぞれ〇・五三ミリ、〇・五ミリの厚さにまで押し延べます。

ただ、金は非常に軟らかく、繊細な金属なので、一気に延ばすことはできません。慎重に、少しずつ、一四金のインゴットであれば約一〇〇回、一八

打ち抜き

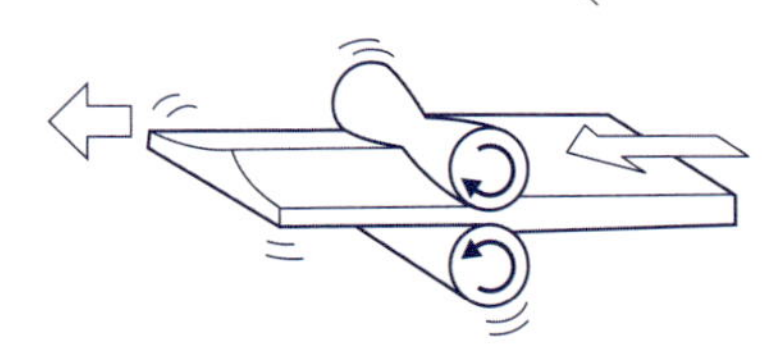

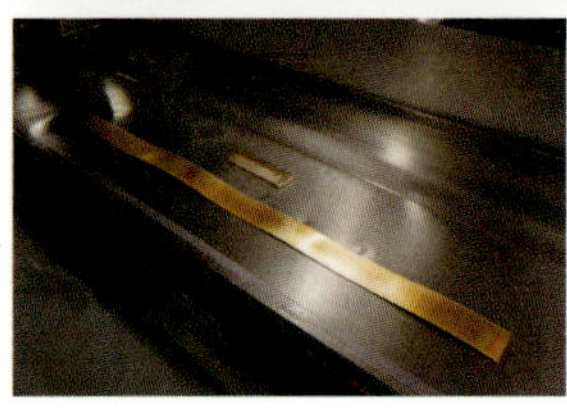

圧延中のインゴット（上）と圧延後のもの。

金のインゴットであれば約七〇回、圧延機にかけるのです。

帯状になったインゴットは、最後に山型の圧延機にかけられ、帯のセンター部が微妙に厚く、端にかけて徐々に薄くなる形へと変わります。ペン先は、先端部が厚く、首軸側が薄くなっていますが、このセンター部をペン先の先端部にすることによって、適度な弾性が出るようになるのです。

圧延材を、機械でペンの形に打ち抜きます。

打ち抜く際には、素材のへりに微妙なはみだし（バリ）がないよう、チェックしながら作業を進めます。基本的には指での確認になりますが、経験を積んでいる作業員であれば、目視で判断できます。

また二五個の素材を打ち抜くごとに、厚みもチェックします。

瞬間加熱により液状化し、表面張力で丸い球になる。

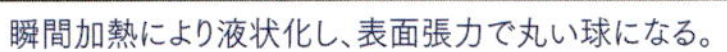

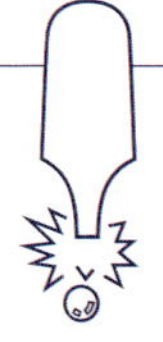

溶接機、上部にV字形に出ているのがペン先。

ペンポイント有（左）、無（右）。

これまでの工程と同時並行で、ペンポイントがつくられます。

原料であるイリジウムとオスミウムを均一にまぜあわせた粉末を、一定量ずつ銅板の上に置き、それに約三〇〇〇度の高熱を瞬間的に加えます。すると粉末は一瞬にして液化し、表面張力で丸い球に変化します（七七頁写真参照）。これを冷却して固体化させたのち、さらにもう一度、加熱すると、丸い球はきれいな球形となります。これでペンポイントは完成です。

ペンポイントには直径約〇・七ミリのものから一・七ミリのものまで六種類あり、パイロットではこれですべての字幅サイズをカバーしています。

打ち抜かれた合金との溶接に当たっては、パイロットが独自に設計・製作した機械を使用。瞬間的に合金を溶かし、そこにペンポイントが付着することで両者が結合します。

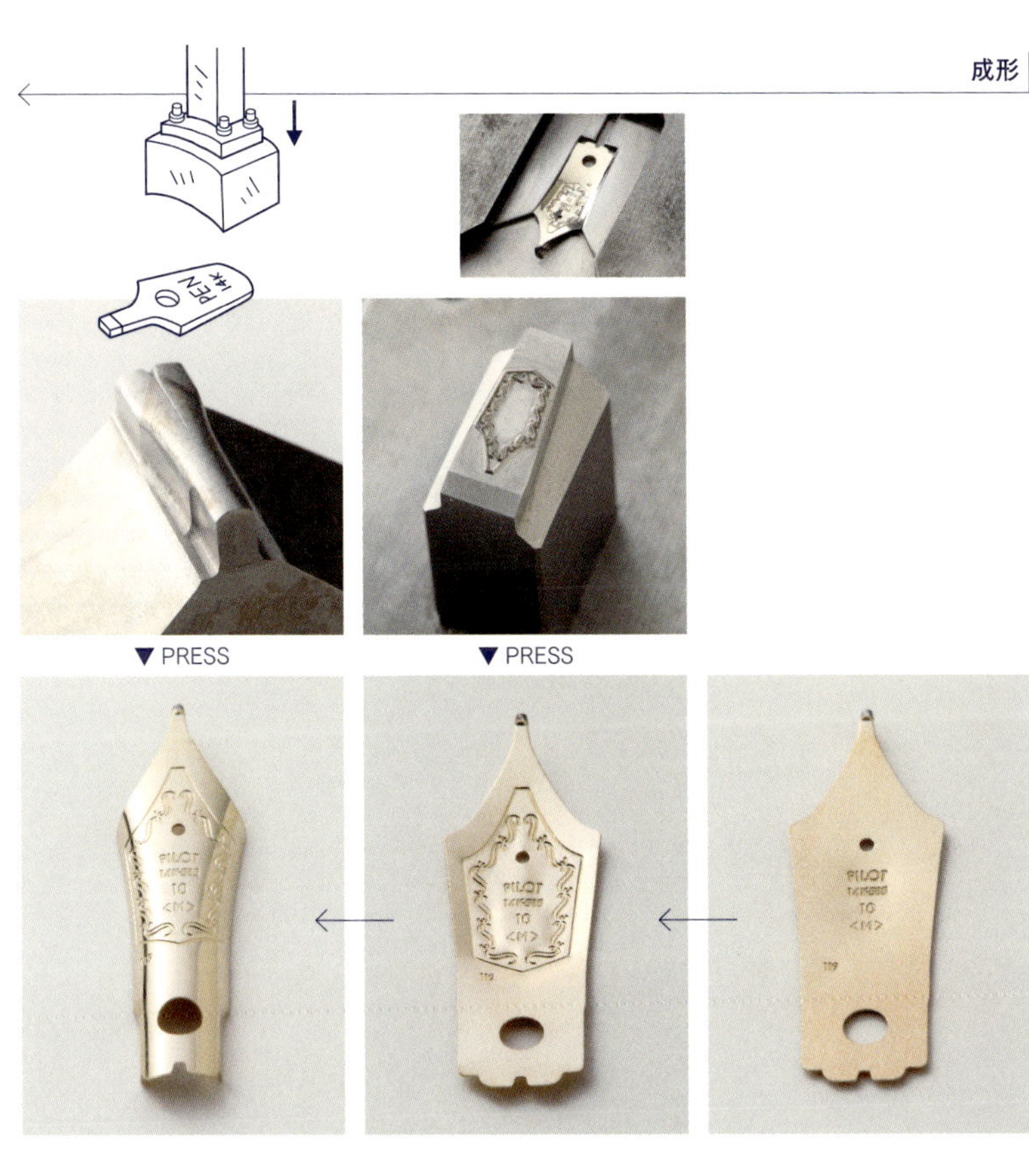

成形は、合金への負荷を抑えるために三段階に分けて行われます。

まず、ハート穴の打ち抜きと、ハート穴周辺の表示（「M」といった字幅の情報、「14K」等の金含有量など）の刻印をプレス機で同時に行います。ちなみに、パイロットの場合、ハート穴の大きさはペン先の種類にかかわらず、みな同じです。

次に、周縁にある飾り罫の刻印をプレス機で行います。

こののち、ペンポイントをグラインダーで研ぎ、最後にプレス機を使用して丸みをつけます。

製作するペン先ごとに金型を付け替えてプレスしますが、この丸みこそがペンの柔らかさ、個性につながるため、その数はなんと約一〇〇種類。プレスする際、力の加減を少しでも間違えると合金に大きなダメージを与えるので、加工音のかすかな違いにも耳をすませながら作業します。

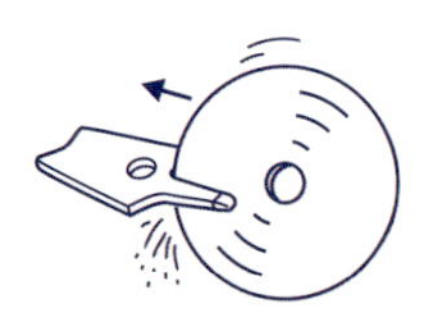

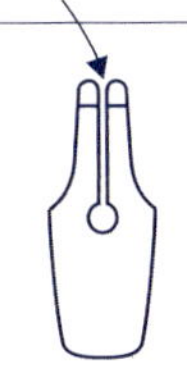

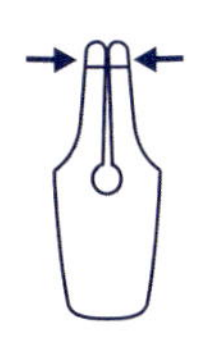

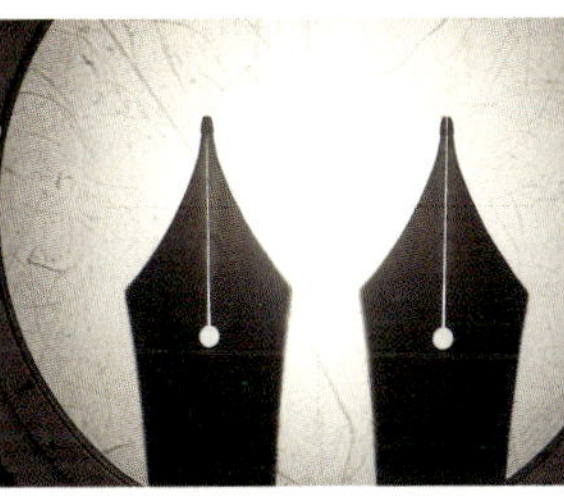

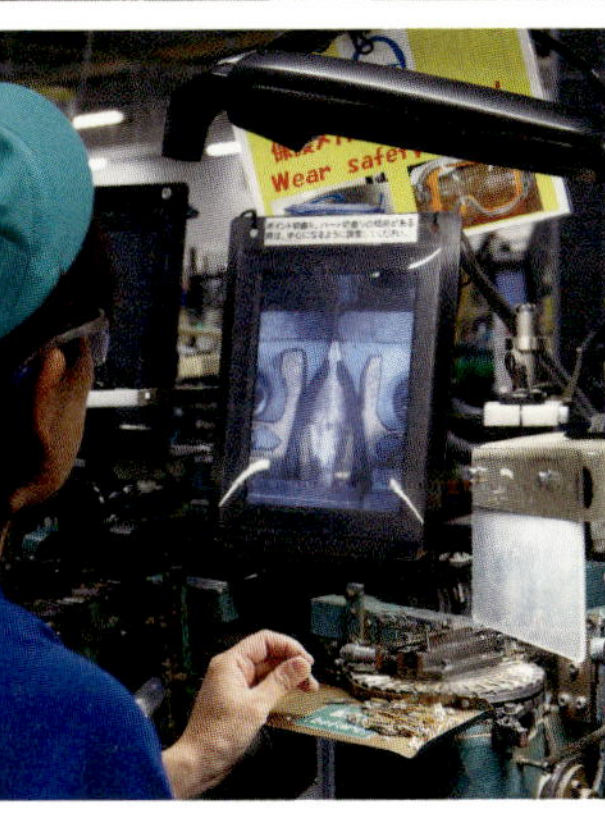

硬い砥石のついた高速回転カッターでペンの先端から切り割りを入れます。

カッターの厚みは〇・一四ミリ。先端部にあるペンポイントは非常に硬いので、ゆっくりとカッターを入れ、合金部分は軟らかいのでサッと入れます。

カッターを入れた際にできる先端部の角などを研いだのち、毛細管現象が働くよう、先端部をしっかり寄せます。これは完全な手作業で行われます。

これを終えたのち、切り割りの寄せ方やペンポイント溶接のずれ、筆圧をかけた時の開き具合などを、モニターやルーペでチェック。この検査を終えると、ペン先が完成です。

パーツの製造

「カスタム742」全パーツ

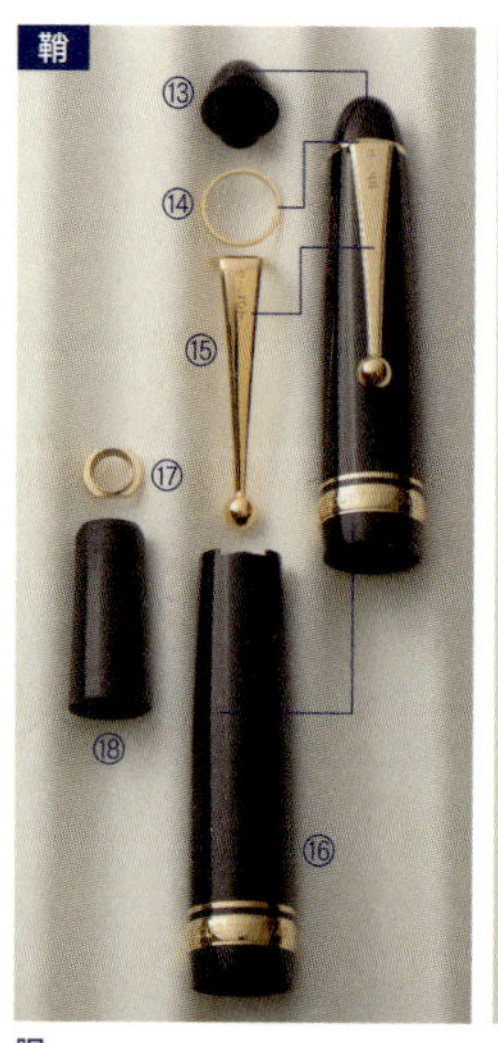

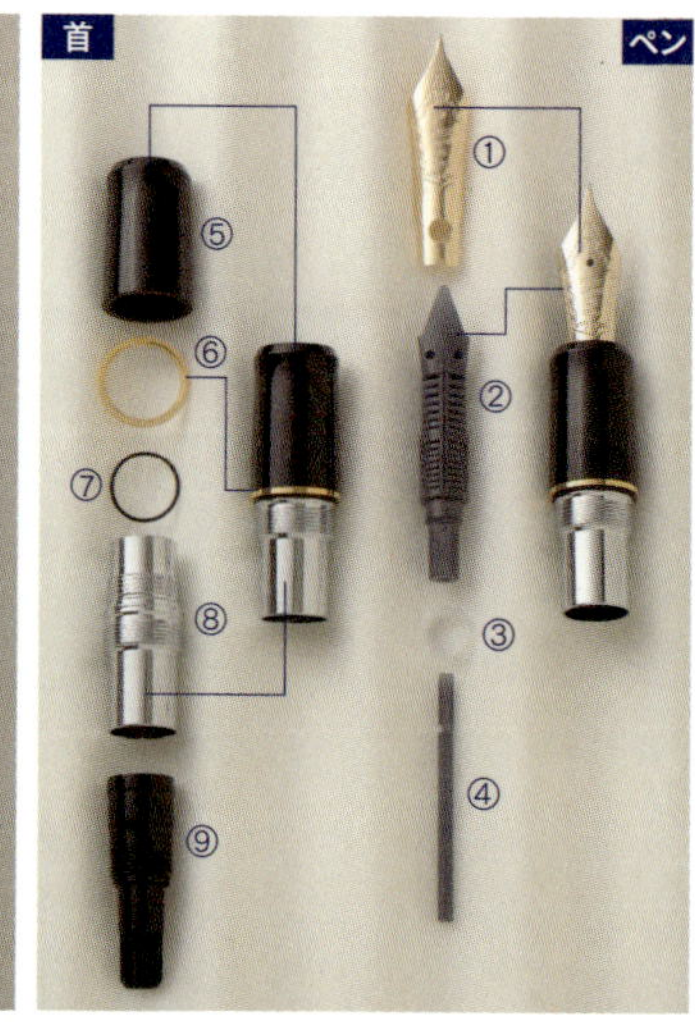

胴
⑩胴　⑪胴金輪　⑫尾栓

鞘
⑬頭栓(とうせん)／⑭とともに⑮を固定します。
⑭頭冠リング　⑮クリップ
⑯鞘／下部にある金属リングは、射出成形時に組み込まれています。
⑰ナット／これが⑱を受けます。
⑱中子(なかこ)／いわゆる「インナーキャップ」で、開口部の断面は真円ではなく、ペン先を収納する際に接触する⑤との強い摩擦を避けるため、微妙に変形されています。

ペン
①金ペン　②ペン芯　③ペン芯スリーブ
④内芯／これが②の内部の空洞に入ることで、インク溝と空気溝が形成されます。

首
⑤首／②の下部を受けて、ペンと接続します。
⑥口元金輪　⑦Oリング
⑧金属コネクター／このネジ状の金属で、⑤と⑩が接続されます。⑨内首／⑤と⑧の内側に仕込まれます。これがコンバーター、カートリッジの受け皿となり、②までのインクの通り道となります。

ペン先からボディまで全部品を、純国産、社内で製造するパイロット。ここでパーツの成り立ちとその意味、製造のポイントについて見てみましょう。

部品は大きく言って、プラスチック製と金属製、二つに分けられます。

プラスチック部品は、合成樹脂を溶かして金型に流し込む「射出成形」で製造。形状の複雑なペン芯のようなものは、これが一番、品質を安定させた状態でつくることができるのです。

一方、クリップなどの金属部品は、素材からの打ち抜き、曲げ・刻印などの成形加工はもちろん、磨き・メッキ加工まで随所に手作業も入り、一貫自社製造ゆえの徹底した品質管理を叶えています。

どんな小さな部品一つにも、必

ペン芯

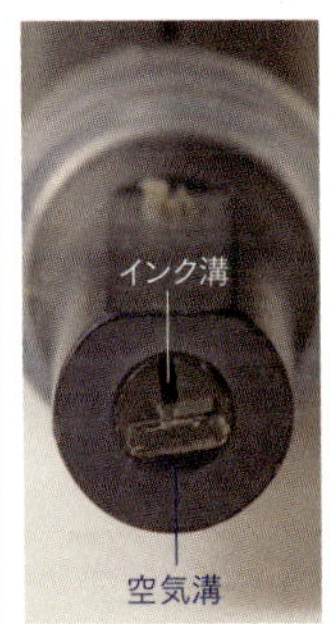

「万年筆の心臓」であるペン芯。インクが流れ出た分の空気をインクタンクに送ることで、ペン先までのインクの流れを一定に保ちます。

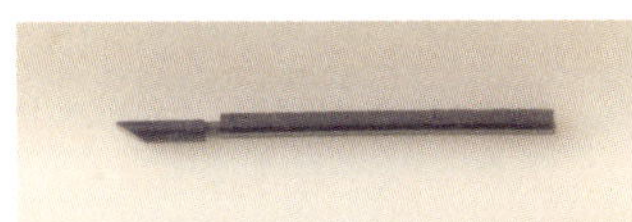

下にある内芯を、ペン芯内部に差し込みます。芯は途中で180度ねじれているため、堰のような役割を果たし、インク漏れを防いでくれます。

「カスタムヘリテイジ92」吸入機構　全パーツ

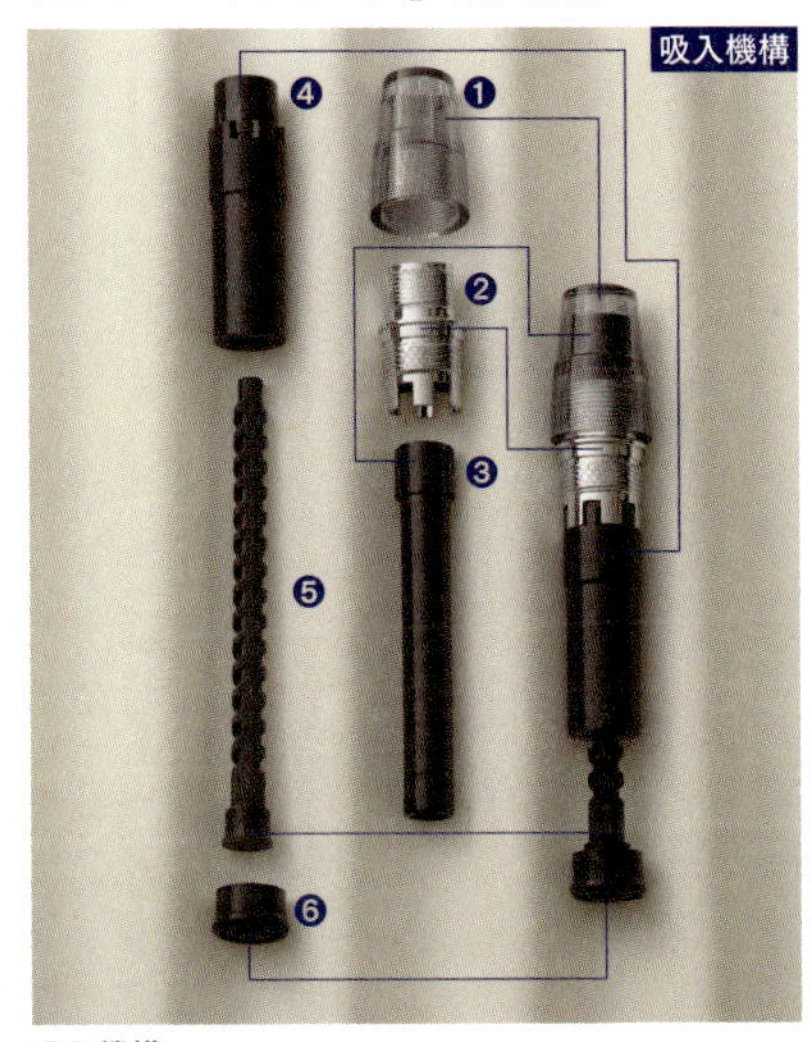

吸入機構

❶尾栓／使用時、ここを回すことで、❺を上下させます。

❷尾栓コネクター／下部の凹凸部で❹を受け、ネジ部分で胴と接続します。上部のネジ部分は❶の回転用になっており、内部には❸が仕込まれます。

❸回転コマ／上部は❶と一体化していて、ともに回転します。

❹回転止／この内部に❸が挿入されます。

❺吸入芯／❸の内部に仕込まれ、その回転とともに、ネジ構造で上下に移動します。

❻ピストンパッキン／インクタンク部分との隔壁であり、インクの浸入を防ぎます。

ず理由が詰まっている。万年筆が「科学」と言われる背景がここからもうかがえます。

パイロットでは、万年筆の構成は、ペン、首、胴、鞘の4つの部位に区分されていて、それぞれの部位を各パーツが構成しています。「カスタム742」の場合、全部品数は18。「カスタムヘリテイジ92」であれば、吸入機構が加わるので22部品。すべて小さいながらも製造者たちの知恵がつまっており、非常に精緻に作られています。

※いずれの名称も、パイロットが独自に使用しているものであり、一般的に流布しているものではありません。

お湯でなじませる、アニーリング。

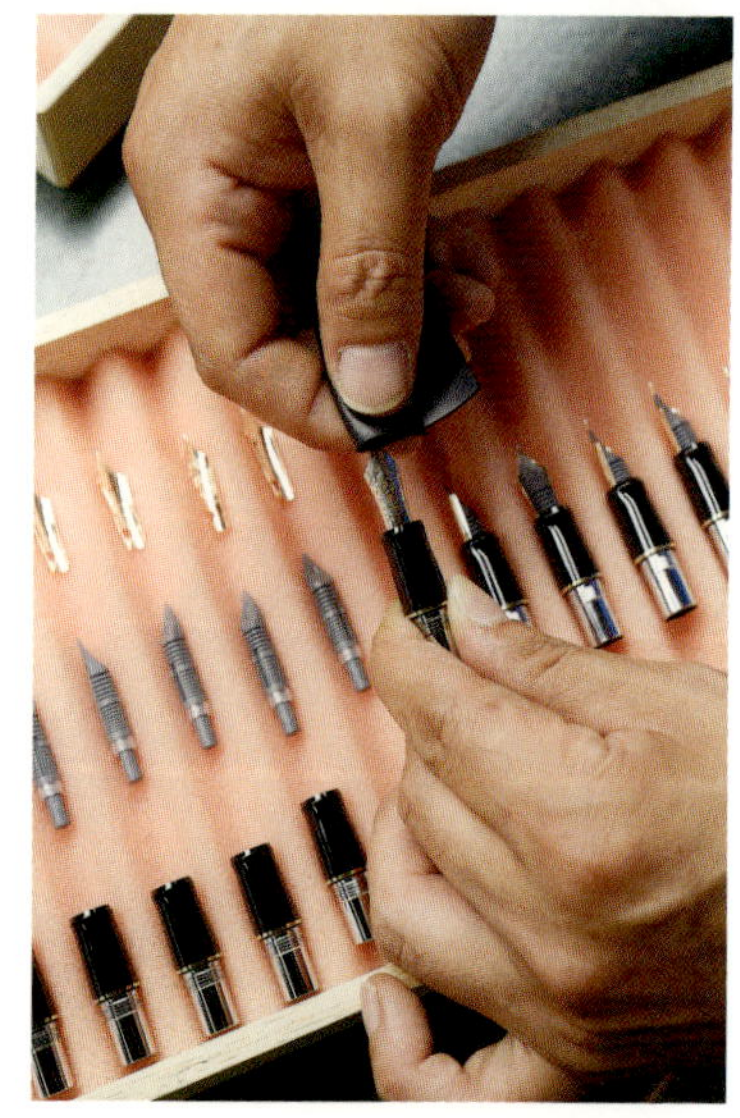

まずペン先とペン芯を合体させます。ペン先は、マークの形状によって微妙に丸みのカーブが異なっていますし、ペン芯も寸分の誤差もなく製作することはできませんので、重ね合わせると微妙に隙間・ズレが生じます。そこで、この二つがぴったりとくっつくよう、約九〇度のお湯につけてなじませます（この作業を〝アニーリング〟と呼びます）。

こののち、ペン先＋ペン芯は、実際に

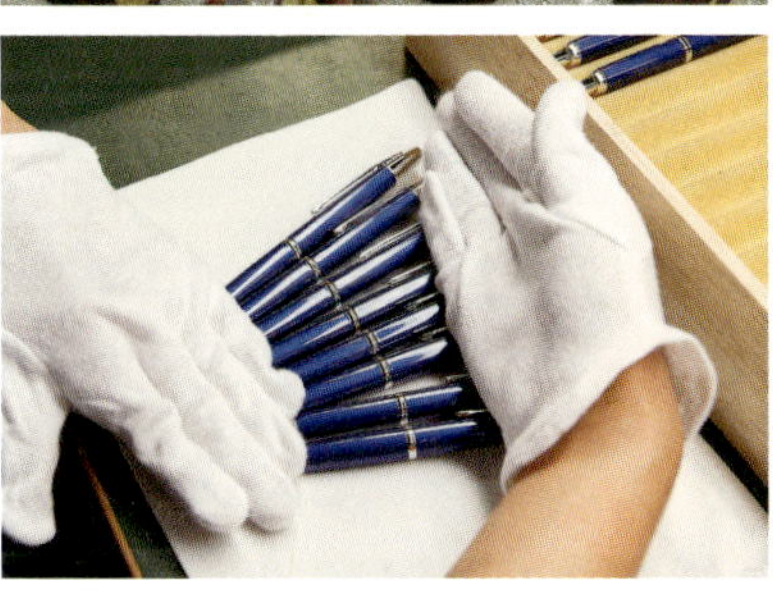

紙を使った官能検査に回されます。

検査室は工場内の騒音が聞こえないように区画されていて、担当者は、目、耳、手を使い、執筆時に感じる抵抗感や振動、紙との摩擦音などを頼りに書き味を確認します。ここで少しでも違和感があれば、その場でゴム砥石や研磨布でペン先を調整していきます。

こうして完成したペン先＋ペン芯は、首軸、胴軸など、他の部品に結合され、最終的に一本の万年筆が完成します。

万年筆もインクも、「個性」の時代へ。

「伊東屋」が取り組む色革命

「絵具のように、たくさんの美しい色を表現したい」——ブームに先駆け、二〇〇〇年よりブレンドインクを発売していた伊東屋。二〇一九年二月からは横浜元町にて、オーダー色をスタッフが目の前で作る「Cocktail Ink（カクテルインク）」サービスを開始しました。ブルーや黒のほか、珍しい黄色やピンクもバリエーション豊富に、メニュー数は五〇色。

0.1ml単位で計量できるオランダ製のディスペンサーで、繊細な色合いも実現可能に。45ml 1600円(税別)。

左:居心地のいいバーカウンターをイメージ。
右:大人気。ブルーのバリエーションも圧巻。

カラーチップを埋め込み、仕上がりを確認。

一方、二〇一八年一一月より同じく横浜元町に登場した「My Mighty(マイマイティ)」は、頭冠、キャップ、クリップ、バレル(胴部)、ボトムなど八パーツを樹脂八色、金具三色から選べるカスタマイズ式万年筆。同じ色の組み合わせでも、配色の分量次第で全く違った印象になるというユニークさです。

今や万年筆もインクも、「個性」の時代へ。より進化した「自己表現のツール」へと変わりつつあります。

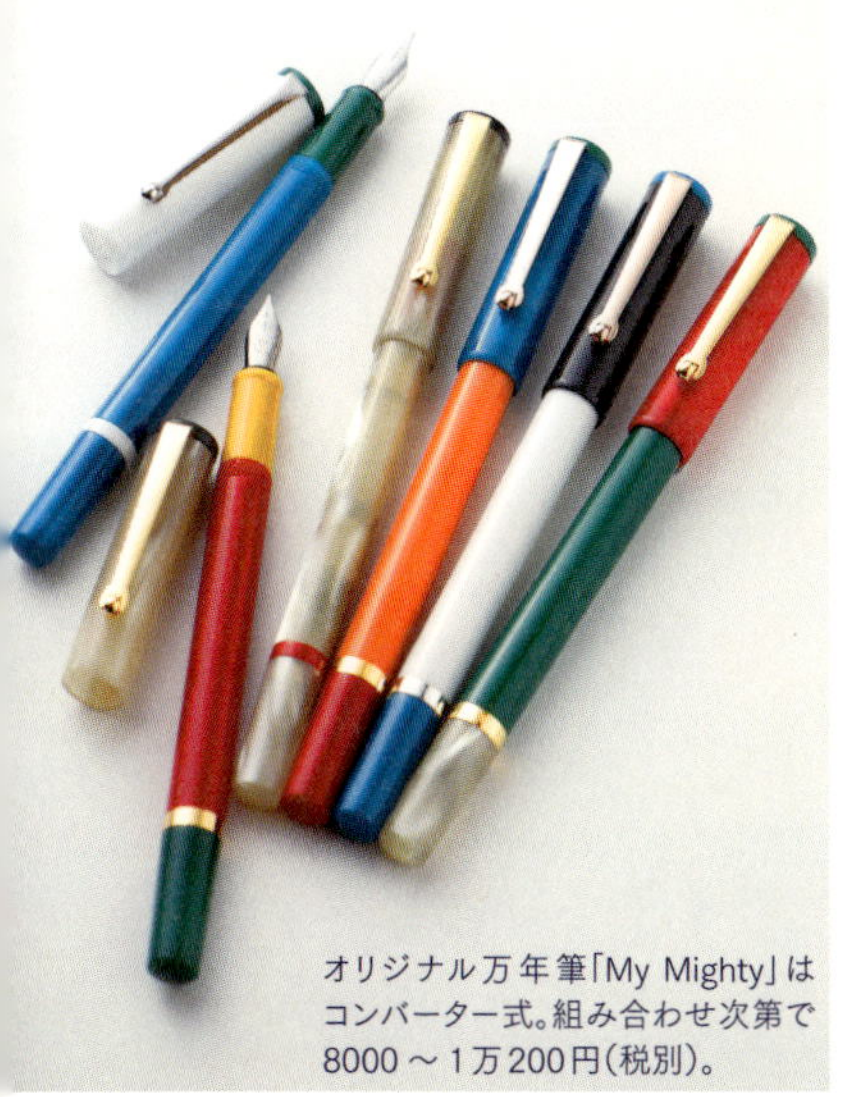
オリジナル万年筆「My Mighty」はコンバーター式。組み合わせ次第で8000〜1万200円(税別)。

パイロット カスタムシリーズに見る ペン先15種類のバリエーション

自分が見て、書いて、一番気持ちのいい太さや硬さを選べるのも、万年筆選びの醍醐味の一つです。そこで、用途や筆圧の強弱に合わせてつくられた、パイロット「カスタムシリーズ」15種類のペン先をご紹介します。ペンポイントの大きさ、ペン先のシルエットでこんなにも変わる、筆記の芸術をご鑑賞ください。

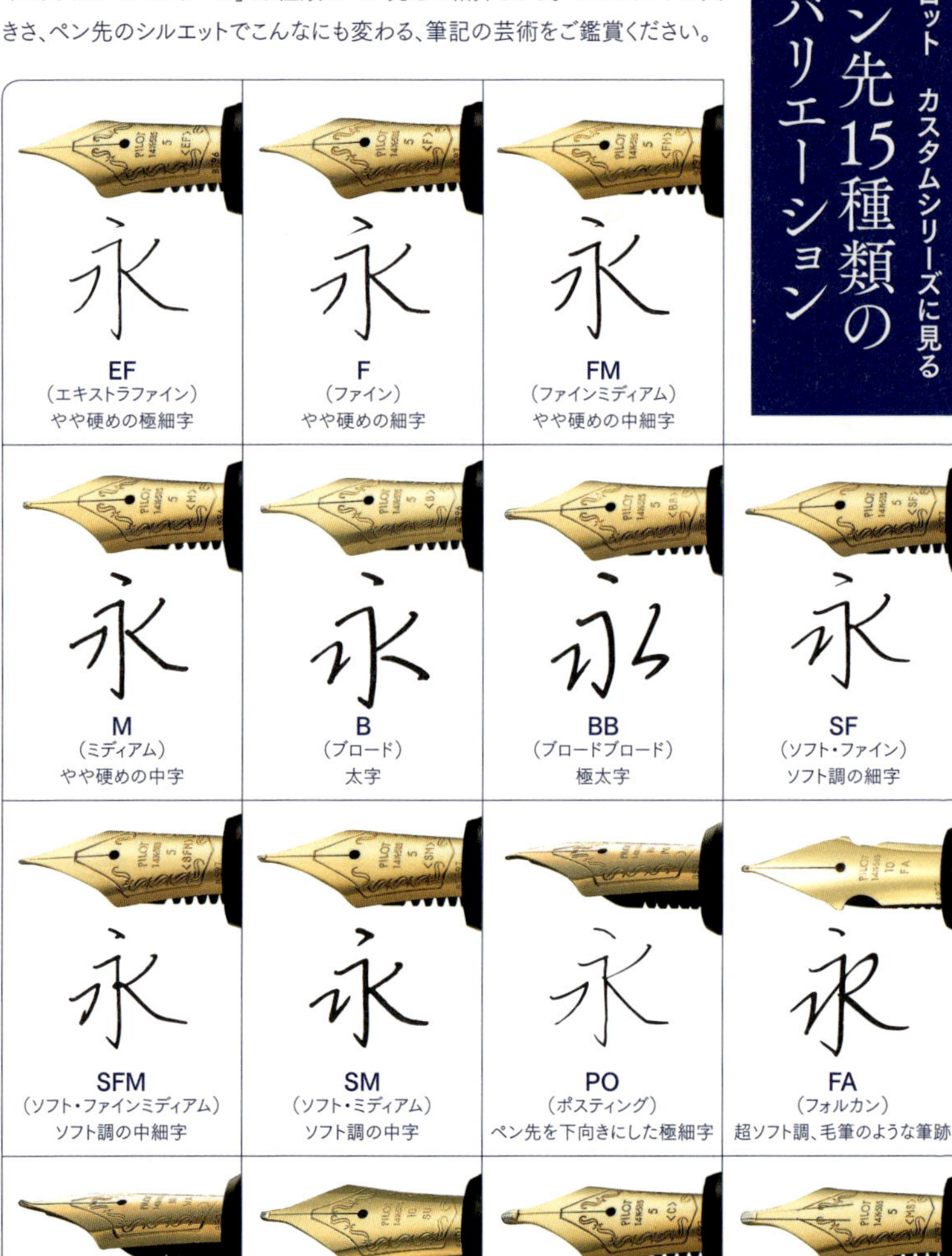

EF
（エキストラファイン）
やや硬めの極細字

F
（ファイン）
やや硬めの細字

FM
（ファインミディアム）
やや硬めの中細字

M
（ミディアム）
やや硬めの中字

B
（ブロード）
太字

BB
（ブロードブロード）
極太字

SF
（ソフト・ファイン）
ソフト調の細字

SFM
（ソフト・ファインミディアム）
ソフト調の中細字

SM
（ソフト・ミディアム）
ソフト調の中字

PO
（ポスティング）
ペン先を下向きにした極細字

FA
（フォルカン）
超ソフト調、毛筆のような筆跡

WA
（ウェーバリー）
ペン先を上向きにした中字

SU
（スタブ）
縦の線は太字、横の線は中細字

C
（コース）
特太字

MS
（ミュージック）
デザインにも使える楽譜用特太字

＊資料提供：パイロットコーポレーション

第三章

万年筆の仕組みと科学

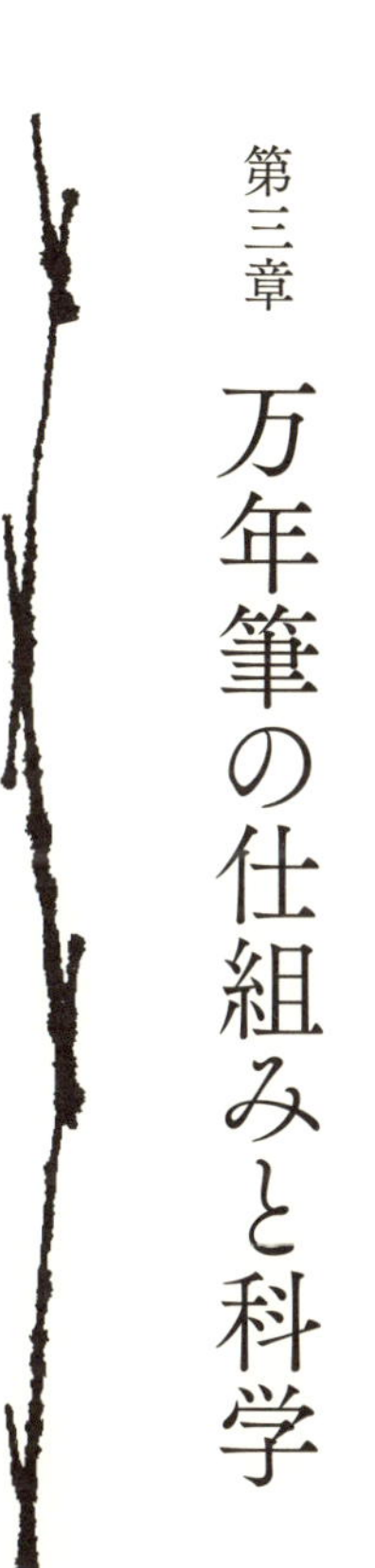

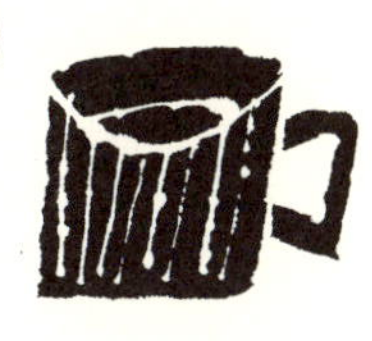

1　万年筆の構成

単純で複雑な道具

万年筆の「血液」であるインクについては、だいたい理解できたかと思いますので、次は「体」である万年筆本体の仕組みについて詳しく見ていきましょう。

人と人との間は、相手のことを知らないよりも知っていたほうが、うまくつき合えます。人と万年筆もそれと同じ。万年筆の仕組みや、各パーツの働きを理解することで、長く、良好な関係を築くことができるはずです。

そもそも万年筆の仕組みというのは、大きく見れば単純であり、細かく見ると非常に複雑です。万年筆は、インクタンクからインクが流れ出し、紙にたどりつくことで文字が書ける道具ですから、基本的にインクの流れるルートがあればいい。構造自体は単純ですが、同時に、安定したインクの供給を維持する機能も備えなければいけないので、繊細なメカニズムが組み込まれています。つまり、単純なことを、複雑なメカニズムで行っている道具が万年筆なのです。

まずは、その単純な側面から見てみましょう。

パーツ概観

「インクの流れるルート」として万年筆を見ると、その構成はいたってシンプルで、パーツの数もそれほど多くはありません。

ここでは、パーツごとにその役割を概観してみます（図17。ここでのパーツの呼称は一般的なもので、メーカーによって異なっています）。

1．ペン先

タンクから始まるインクの流れの最下流に位置し、紙と直接、接触する部分です。したがって、紙との長時間の摩擦に耐えられるだけの耐摩耗性と耐久性、筆圧などの負荷を受けられる適度な弾力性、柔軟性が必要になります。「万年筆の頭脳」とも呼ばれています。

2．ペン芯

ペン先を裏側から支え、インクを送り出している部品です。「万年筆の心臓」と言われますが、インクを流すポンプの役割を担い、かつ、ペン先に流れるインクの量も安定させています。

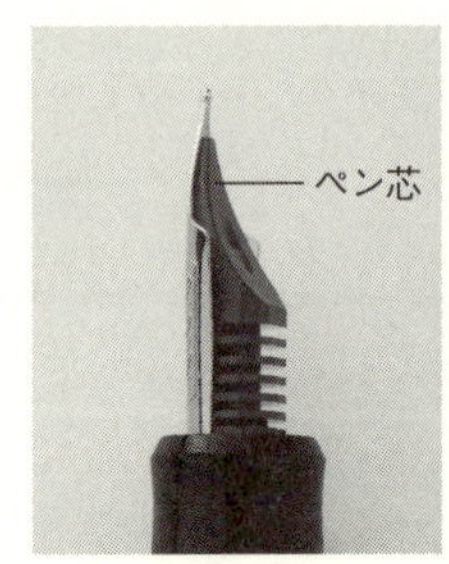

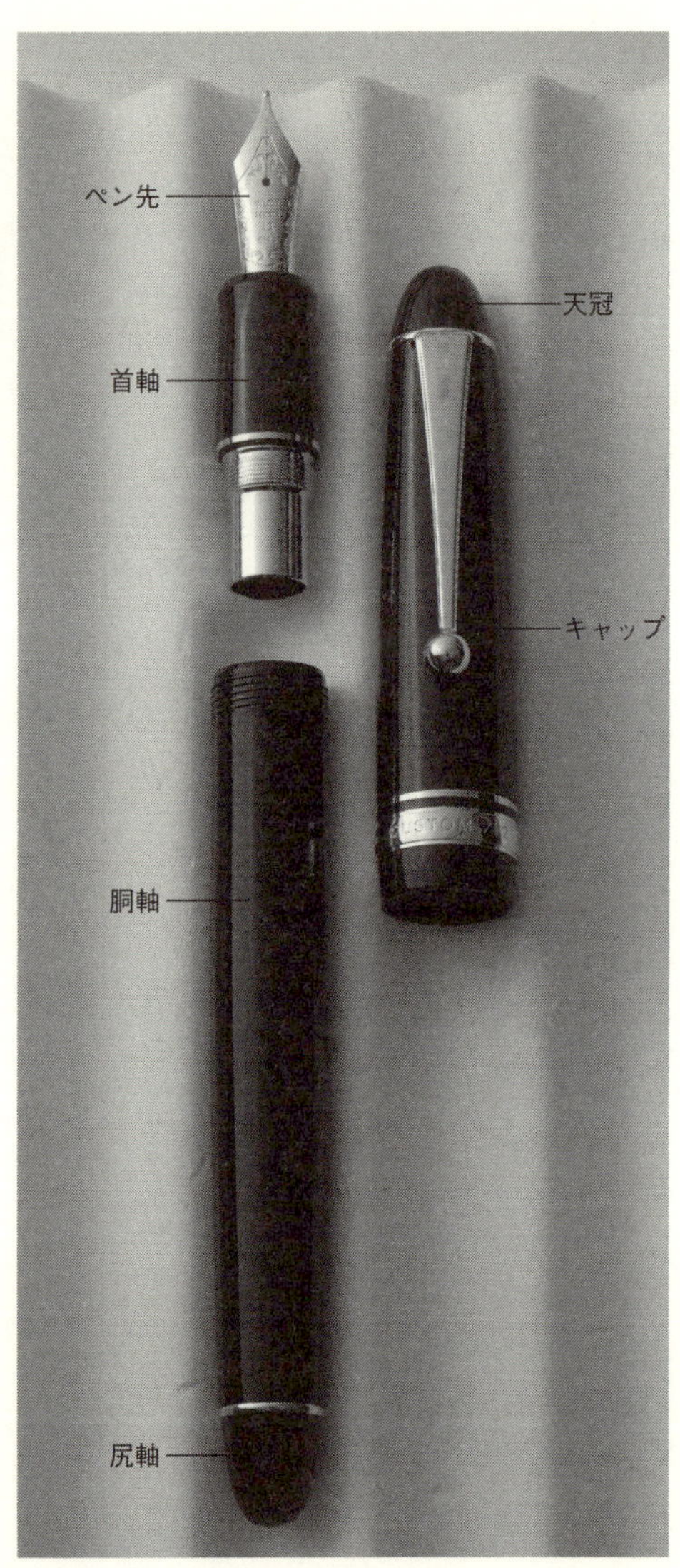

図17　万年筆パーツ外観

3．首軸（グリップ）

ペン芯と胴軸内のインクタンクやコンバーター、カートリッジを接続する部品です。また、手で握る部分でもあるので、握りやすい形、太さに設計されています。

4．胴軸

内部がインクタンクとなります。その長さや太さは、握りやすさと同時に、内部に入るカートリッジ、コンバーターなどの大きさも考慮したものとなっています。

5．尻軸

ピストン式、プランジャー式の万年筆の場合、この尻軸を使って胴軸内部の機構を操作します。ピストン式であれば、この尻軸を回転させて、プランジャー式の場合は尻軸を引くことで、ピストンが胴軸上部へと移動、その分、インクが入るわけです。カートリッジ式、両用式では、尻軸と胴軸が一体化しているケースがほとんどです。

6．キャップ

ペンの先端部、すなわちペン先とペン芯を保護し、インクの乾燥を防ぎます。またキャップには、クリップがついているものもあります。よくクリップ付きの万年筆を服の胸ポケットなどに差し込んでいる人を見かけますが、クリップがあると、ペン先が上に向いた状態で保てますので、歩行などで万年筆に振動が加わっても、インクがペン先から漏れたりするといったことは起きにくくなります。

以上が、万年筆全般に見られる、基本的な構成パーツです。吸入式の場合、これに吸入機構が加わるわけですが、これに関してもパーツ数は多くはありません。詳しくは口絵八二〜八三頁をご覧ください。

2　万年筆の頭脳「ペン先」

ペン先の構造

これまで見てきたように、万年筆の構成は非常にシンプルですが、パーツ自体の仕組みを見ると、非常に繊細で、手が込んでいることが分かります。特に、ペン先、ペン芯は、それぞれ「万年筆の頭脳」「万年筆の心臓」と呼ばれるだけあって、考え抜いてつくられています。

まずは、ペン先から説明していきましょう（図18）。

ペン先は細長い五角形――長方形の上に三角形を載せたような独特の形状をしていますが、まず、その三角形の底辺あたりに穴があいているのが見てとれます。これを「ハート穴」と呼びます。そして、この穴より三角形の頂点に向かってスリットが走っていますが、これを「切り割り」といい、その先端には「ペンポイント」という球状のものがついています。

この三つが、ペン先の機能を支える三大要素となります。

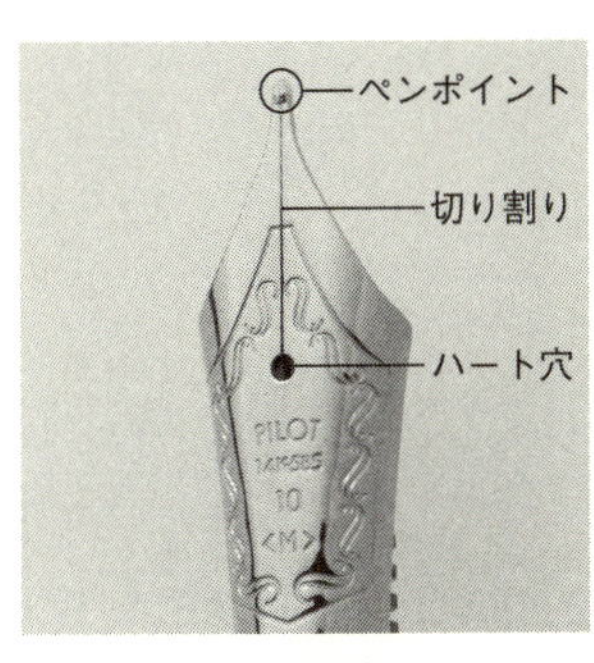

図18　ペン先の構造

毛細管現象と「ハ」の字形の切り割り

切り割りは、インクの通り道であり、このスリットを通って、インクが紙にたどりつきます。

スリットの幅はとても狭く、もっと広いほうがインクの流れがよくなるのでは、などと思う方もいるかもしれませんが、さにあらず。逆に、幅が広いと、インクは流れなくなってしまいます。

なぜ、切り割りの幅は、こんなにも狭いのでしょうか。そして、なぜ、この幅が広くなると、インクは流れなくなってしまうのでしょうか。

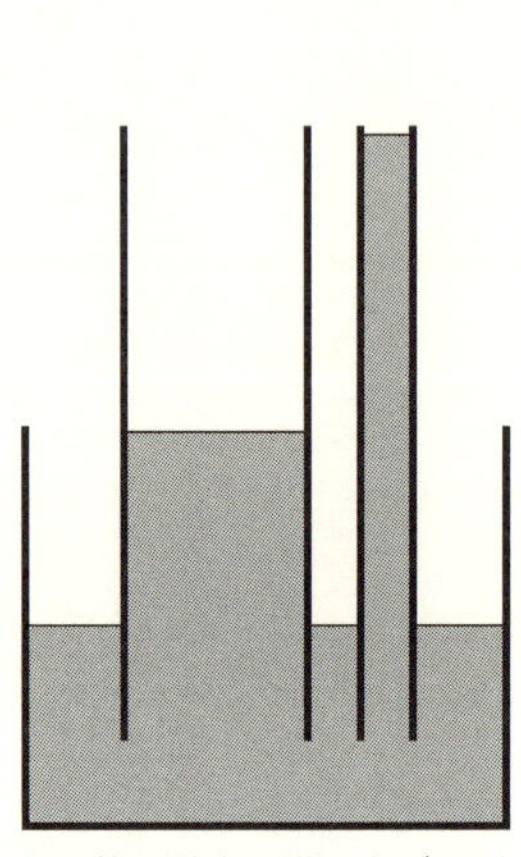

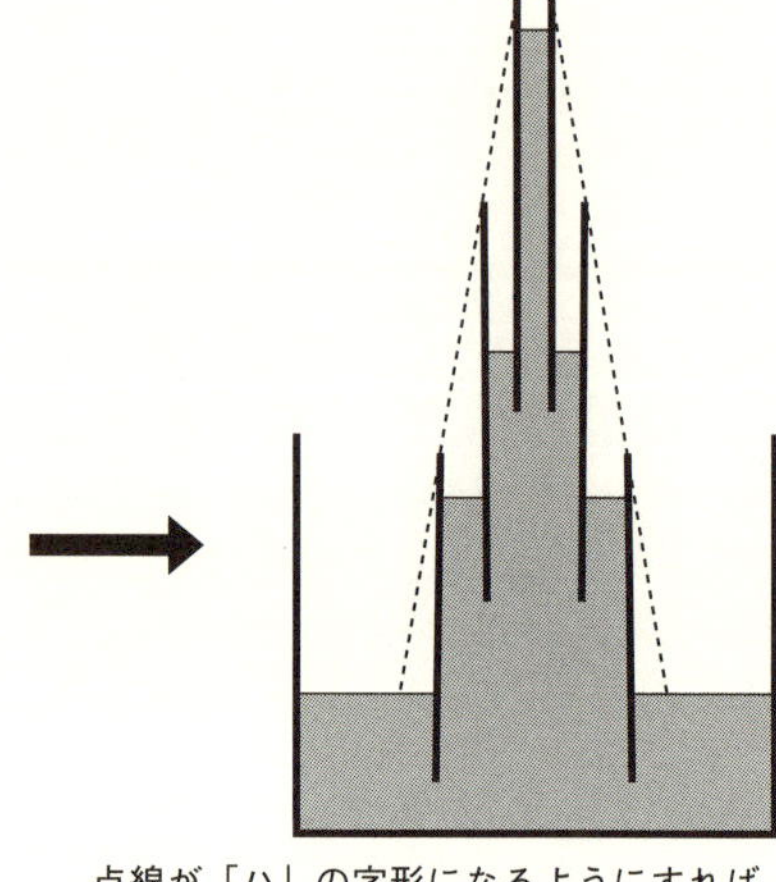

細い管ほど水を吸い上げるが、ある程度の高さで止まる。　点線が「ハ」の字形になるようにすれば、水は止まらず上がっていく。

図19　ストローによる毛細管現象の実験

答えのカギは、「毛細管現象」という自然現象にあります。

毛細管現象とは、液体が栓のない細長い管に接すると、重力に関係なく管の中に流れ込み、上昇する現象をいいます。たとえば、水の入ったコップにストローを入れると、ストローが自然に水を吸い込みます。しかもストローが細ければ細いほど、高く吸い込んでいく。これが毛細管現象と呼ばれるものなのです（図19）。

切り割りとは、実は、このストローと同じ役割を果たしています。つまり、インクは単に重力、つまり自分の重みだけで高いほうから低いほうへと流れているのではなく、切り割りという細い空間によって、重力とは無関係に吸い込まれているのです。もし、この切り割りの幅が広いと毛細管現象は働かなくなり、インクは吸い込まれなくなる＝流れなくなります。

さらにいえば、切り割りの幅は、単に狭いだけでなく、独特の形状をしています。コップにストローを入れるとストロー内に水は上がっていきますが、ある程度の高さまで吸い上げると、そこで止まります。切り割りにしても同じです。いくら切り割りが細くても、インクをある程度引き出すと、そこで流れが止まってしまいます。

このため、切り割りは「ハ」の字形になっています。一見、直線状に見える切り割りですが、よく見ると、先端部のほうが狭く、ハート穴側のほうが広くなっているのです。先端部側に向けて徐々に細くなっていけば、常に毛細管現象が働くことになる。つまり、インクは常に細いほうへ、細いほうへと流れていき、先端部までたどりつくのです。

さて、ここで、ひとつクイズを出しましょう。

ハート穴から先端部までの距離――つまり、切り割りの長さが長いものと短いものでは、どちらのほうが、インクが先に紙にまでたどりつくでしょうか？

見た目だけでパッと判断すれば、距離が短いほうが先に思えます。しかし「毛細管現象」を考えれば、長いもののほうが早くつくことになります。なぜなら、コップに入れたストローは、細ければ細いほど水を高く吸い込みますが、同様に、長ければ長いほど、切り割りは細くなるので毛細管現象が働きやすくなるからです。

ところが、ペン先が長いというのは、その分だけしなりやすくなるので、筆圧がかかると先端が開いてしまいます。すると、「ハ」の字形が崩れ、毛細管現象が働かなくなる。筆圧が強い人は、切り割りの「ハ」の字形が崩れて、ペンの不調につながることが多いのです。

ハート穴の役割

ハート穴は文字通り解せば、「ハート」形をした「穴」ということになります。

昔は、ハート形の穴の万年筆が多かったことから、今でもそう呼ばれています。現在、大半の万年筆はごく普通の円形や楕円の穴になっていて、それどころか、ハート穴すらない万年筆もたくさんあり、こうなるとハートの形どころか、穴の存在する意味さえ分からなくなってしまいそうです。事実、ハート穴がなくても万年筆は筆記具として成立します。ハート穴は、必須ではないのです。

ではなぜハート穴があると便利で、あったほうがいいのでしょうか。

理由は三つ。ひとつは、ハート穴があると、ペン先が製造しやすくなるからです。ペン先に切り割りを入れる際にカッターを使うのですが、ハート穴を先に開けておけば、必要以上に切り割りを入れずにすむ。つまり、ハート穴が切り割りの目安になるのです。

もうひとつは、「筆圧などの負荷が軽減される」ことです。

ハート穴はペン先に柔軟性を生み、負荷がかかっても、その力を分散させる効果があります。穴がなく切り割りだけだと、極度の負荷がペン先にかかった場合、負荷が集中したところからヒビが入ってしまうことがあります。硬い木は突風（＝負荷）を受けると折れてしまいますが、柔らかい木はたわみますが折れはしません。それと同じ理屈です。

切り割りの調整

ハート穴があると便利なことの三つめ、それは切り割りの調整です。切り割りを調整するとは、どういうことでしょうか。

基本的に、万年筆は常に一定量のインクがペン先に向かって流れるようにつくられていて、その量を途中で変えることはできません。水道にたとえると、一度つくった水道管の管そのものを太くしたり細くしたりすることは簡単にはできませんが、水の出口である蛇口を閉めたり開けたりすれば水量が変わります。同様に、切り割りを調整すればインクが紙に乗る量を、変えることができるのです。

切り割りの間隔を広げればインクの乗る量が増え、狭めれば減る。もちろん、この時、毛細管現象を働かせるために「ハ」の字形を保たないといけないのですが、切り割りだけしかない万年筆と比べると、ハート穴のある万年筆のほうがペン先に可動性があり、根本（ねもと）の部分もやや広めに切れているので、この調整がしやすくなるわけです。

パイロットの万年筆の場合、切り割りの幅の目安があり、〇・〇三ミリの板を挟んだ時、板が落ちてしまえば広すぎで、板をがっしりと挟んで動かなければ狭すぎる。落ちないまま、ほどほどに動くくらいがちょうどいい幅だとしています。

もし、こういった切り割りの調整ができないような場合、紙に乗るインクの量は、基本的に異なった粘度、表面張力を持ったインクに変えることで調整するしかありません。

ペンポイントの重要性

ペンポイント（図20）については、ここまで何回か触れましたが、万年筆にとって非常に重要なパーツですので、もう少しその役割についてお話ししましょう。

ペンポイントは字幅を左右するものです。ペンポイントが大きいと字幅は太くなり、小さいと字幅は細くなる（それは、あくまでも字幅を調整する要素のひとつであり、ペンポイントだけで字幅が決まるわけではありません。たとえば、パイロットでは、六つのサイズのペンポイントを製造し、一五種類すべての字幅サイズをカバーしています）。

また、ペンポイントは、紙にインクを伝える重要な部位です。車にたとえれば、タイヤのようなものので、ペンポイントがないと、万年筆は筆記具としての役割を果たせなくなってしまいます。

タイヤは、走れば走るほどすり減っていきますが、万年筆も常に紙との摩擦にさらされており、そのうえ、先端部には大きな筆圧がかかっています。「塵も積もれば山となる」といいますが、微細な力、微細な摩擦であっても、積み重なれば、先端部は確実に摩耗します。特にペン先の素材が金であれば、金は非常に軟らかい金属の一つだけに、その度合いは著しいものとなるのです。そこで、耐摩耗性の強い、ペンポイントを先端部につけるようになりました。

ペン先が金の万年筆では、主にイリドスミン球がペンポイントとして使われています。

イリドスミンとは、イリジウムとオスミウムを主原料とした合金です。この二つの原料は、ともに産出量が少ないレアメタルで、最も重い金属元素の二位と一位の座を占めています。また、硬さについても、硬さの指標のひとつであるモース硬度で見ると、イリジウムが硬度六・五、オスミウムが硬度七となっています。鉄の硬度が四、金は二・五ですので、相当な硬度と言えるでしょう。非常に特殊な金属だけあって、加工にあたっては、高い技術力が必要とされます。

現在、このイリドスミン球を製造している会社は世界に二つしかありません。

ひとつは、ドイツのヘレウス社です。

この会社は文具メーカーではなく、貴金属製品や素材、工業用センサー、医療用製品などを扱うマテリアルの会社です。

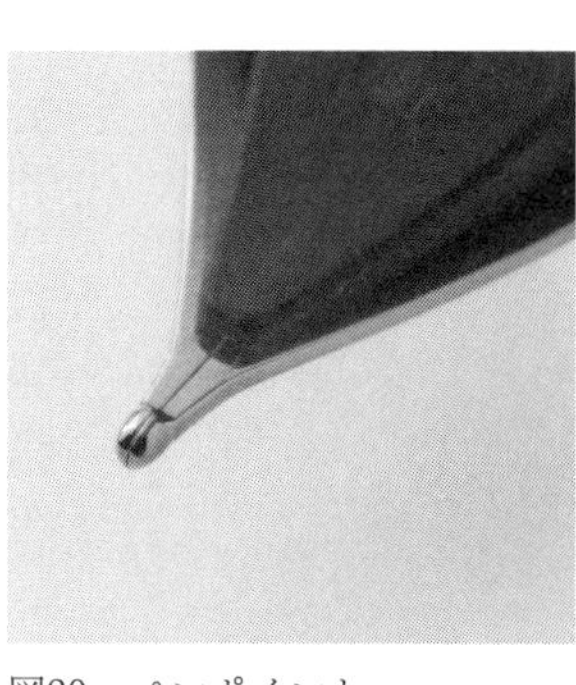
図20　ペンポイント

もうひとつは、パイロットです。

パイロットには、創業者の並木良輔氏が六年間の研究の末、一九一四年に国内初のイリドスミンの処理加工に成功したという歴史があり、以来、この技術を継承し続けているのです。

3 万年筆の心臓「ペン芯」

ペン芯の三要素

「万年筆の頭脳」であるペン先の次は、「万年筆の心臓」――ペン芯の説明です。その構造と働きをつぶさに見ると、「心臓」というたとえが、けっして過言ではないことが分かると思います。

ペン芯は、ペン先の裏側に一体化するような形でついています。ペン先、ペン芯は、ともに首軸に差し込むかたちで取りつけられていますが、その時、金属でできている柔らかいペン先と合成樹脂(=プラスチック)やエボナイトでできているペン芯を重ねあわせると、硬さの違いでペン先のほうが押し返されて、隙間があいてしまいます。そこでこの二つがぴったりとつくよう、製造途中でお湯につけてなじませているのです。

この調整作業をアニーリングといいますが、第二章で、洗浄時にこの二つをお湯につけないように

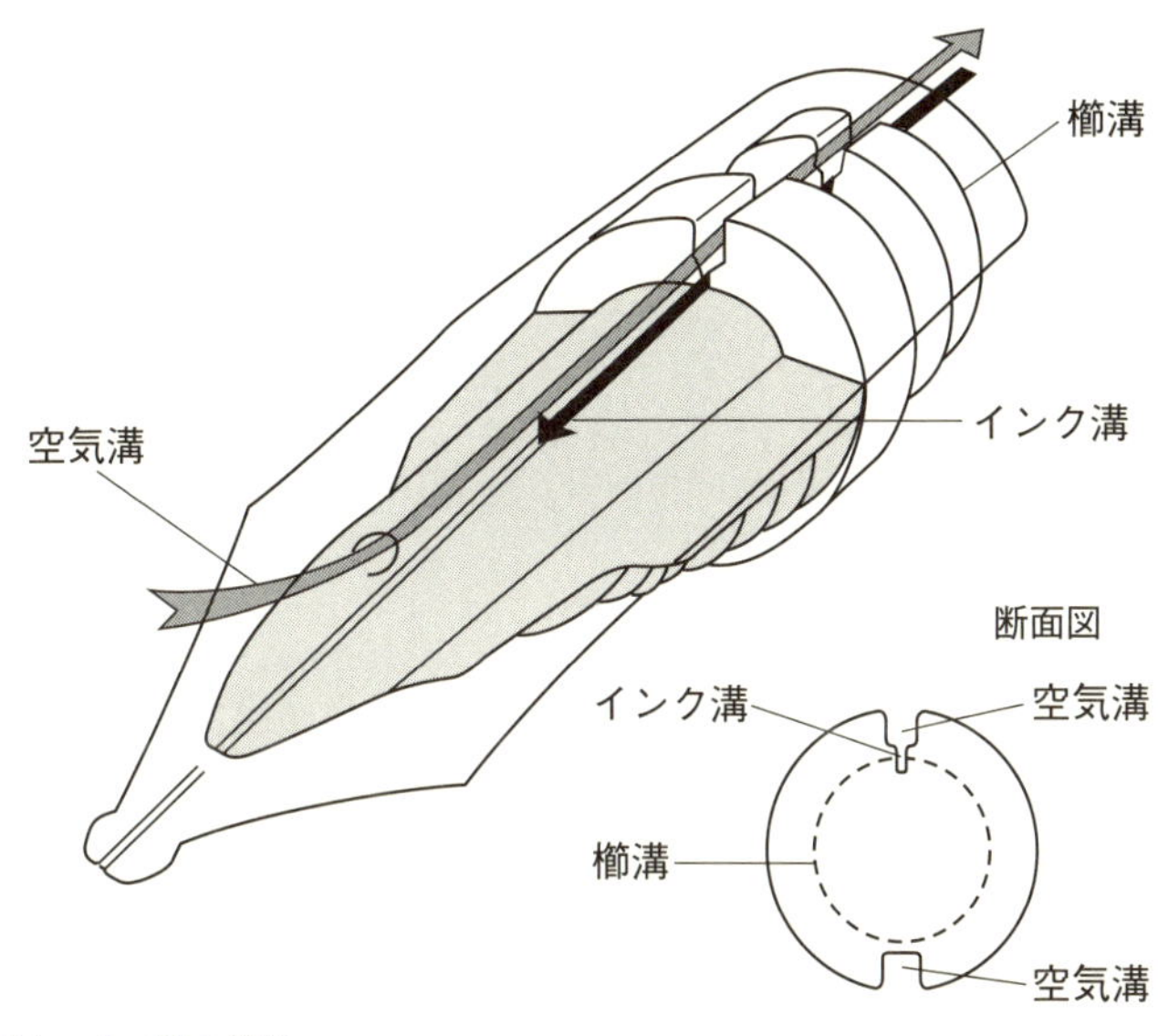

図21　ペン芯の構造

と言ったのは、まさにこの作業を台無しにしてしまわないためです。必ず水で洗浄してください。

ペン芯の形状はさまざまで、どれもが非常に複雑ですが、基本的な構造は同じで、インク溝、空気溝（空気孔とも呼びます）、櫛溝の三点から成り立っています（図21）。

ペン芯からペン先をとり外してみると、切り割りの真下にインク溝が現れます。

インク溝は、文字通り、インクが流れる溝のことで、切り割りと同様、ペンの先端部側のほうが細く、胴軸側のほうが太い「ハ」の字形をしており、毛細管現象の働きでインクタンクのインクを引き出し、ペン先まで運んでいます。

櫛溝もまた、文字通り、櫛状の溝のこと

で、ペン芯を見れば、何本も水平に溝が入っているのがすぐに分かると思います。

一方、空気溝の位置ですが、これは一目見ただけでは分かりません。メーカーや製品ごとに異なっており、ペリカン社の万年筆は、ペン芯の上側にありますし、パイロットの場合はペン芯の中央をくり抜いてつくっています。このパイロットの空気溝は他のメーカーの万年筆にはほとんど見られない、めずらしいものです。またパイロットにはペン芯の上側にも、やや小さめの空気溝があり、実質上、空気溝は二つある形になっています。

空気溝とは？

空気溝とは、インクタンクに空気を送り込むための溝で、この溝がないとインクは流れません。その原理を、ペットボトルの実験を使って説明してみましょう（図22）。

水の入ったペットボトルをさかさまにすると、当然、水が流れ落ちますが、それとともにボコボコと気泡がはいっていくのが分かります。ところが、洗面器に水を張り、ペットボトルをさかさまにして突っ込んでも、水は流れ落ちません。なぜなら、ペットボトルの中に気泡＝空気が入っていかないからです。

空気が入らないと、ペットボトル内の気圧（＝水を押し出す力）は、外の気圧（＝洗面器の水面に働く、ペットボトルの水を押しとどめようとする力）に勝てず、水はけっして流れ落ちないのです。もし、

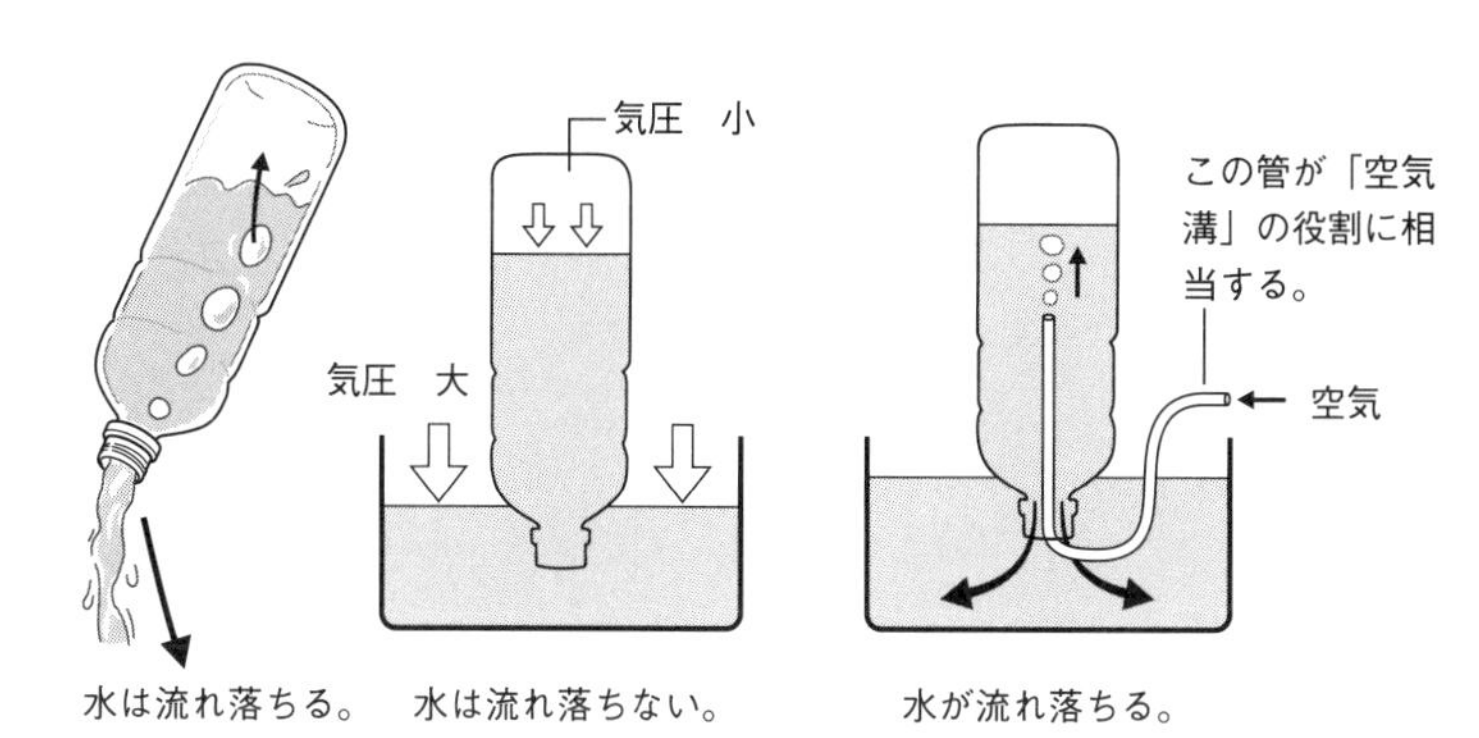

図22　ペットボトルの実験

万年筆に空気溝がなければ、インクタンク内の気圧は上がらないので、このペットボトルと同様、インクはタンク内にとどまったままの状態になります。

インクが流れるためには、インクタンクに気泡が入っていかなければならない。そして気泡が入った分だけ、インクが流れ出ます。つまり、空気溝は、この気泡＝空気をインクタンクに導くために設けられた仕組みなのです。実際、スケルトンの万年筆で、透明度の高いインクを使っていると、インクタンクに小さな気泡がポッポッと入っていくのが見えることがあります。

空気溝とインクの設計

ペン先にインクが流れた分だけタンクに

空気を送り、またタンクからインクを押し出す――ペン芯は空気とインクの循環器、まさに「心臓」の名にふさわしい役割を果たしています。第二章で、万年筆本体とインクは同時に設計されていると書きましたが、ここで、ペン芯、そして空気溝が、このインクと本体設計のカギになることを説明しましょう。

「インクをストレスなくスムーズに出したい」という思想と、「インクの出を抑えて、乾きやすくしたい」という考えでは、溝の設計が大きく変わります。

インクをたっぷり出すには、その分、空気をたくさん内部に送り込む必要があるので、空気溝を大きくすることになります。一方、インクの出を抑えるには、空気を送り込む量を減らさなければならないので、空気溝を小さくします。つまり、空気溝の大きさこそが、インクの流れる量を決める一番のポイントであり、さらにこの大きさとバランスがとれるよう、インクの表面張力と粘度が設計されるのです。

空気溝の大きさは、修理やメンテナンスで調整することはできません。

なぜならペン芯は形状が非常に複雑なので、材料（合成樹脂）を溶かして、金型に流し込んでつくる――いわゆる、射出成形でつくられるもので、分解などできないからです。

切り割りを使ったインク量の調整について説明する際、水道にたとえて〝水道管を太くしたり細くしたりすることは簡単にはできないが、水の出口である蛇口で調整できる〟と書きましたが、この水道管に相当するものが空気溝だったのです。

櫛溝をみる

インクの流れる量は、空気溝の大きさによって左右され、ほぼ一定に保たれますが、使用環境により、この機能が働かないことがあります。

たとえば、万年筆を持って飛行機に乗った時。ある程度の高度に達し、飛行が安定するのを待って万年筆で書きものをしようとすると、まれにインクが勢いよく流れ出ることがあります。地上と上空では、上空のほうが気圧が低いわけですが、飛行機に持ち込んだ万年筆の内部は地上と同じ気圧のまま。となると、気圧の高いほうから低いほうへ向かって、インクが押し出されてしまうからです。このように、高度差などにより外気圧が下がった場合、空気溝によるインク量の調整が利かなくなってしまいます。

しかし、実際に飛行機に乗り、上空で書きものをしても、ペン先からインクが噴き出たり、ボタ落ちするようなことは、ほとんどありません。実は、これを防いでいるのが櫛溝で、一種のダムのような働きをしているのです。このダムは、私たちが普通にイメージするダムと比べると、構造も仕組みも非常に複雑にできています。

櫛溝の幅

一見して分かるように、櫛溝は何本もの溝から構成されています。つまり、このダムは何重にも張り巡らされていて、気圧の影響で押し出された余分なインクは、このいくつもある溝の中に流れ込んでいくのです。

さらに注目していただきたいのは、この櫛溝の間隔です。実物のペン芯をちょっと見ただけでは分からないのですが、よく見ると、溝の一本一本の間隔が微妙に違っています。ペン先のほうから首軸に向かうにしたがって、その間隔がだんだん狭くなっているのです。これはいったい、どういうことなのでしょう。

大きめの紙コップに上から下に向けて三ヵ所ほど穴をあけて水を入れると、当然、穴から水が噴き出ますが、それぞれ勢いが違います。水圧はコップの下に行けば行くほど強くなるので、その分だけ勢いが出てしまう。これと同じことが、万年筆にも起こります。つまり、書きものをしようと万年筆を立てる時、ペン先に行けば行くほど、インクにかかる圧力は強くなっていきます。

櫛溝の間隔は、この高低差で生じるインクの圧力の差に対応しているのです（図23）。

首軸に近い側——つまり高いところでは、インクにかかる圧力は弱い状態です。しかし、ここを走る櫛溝の間隔は狭いので、毛細管現象が働き、圧力が弱くても、ここにインクが吸い寄せられていきます。一方、ペン先側——つまり低いところでは、インクにかかる圧力が強い状態ですが、この部分

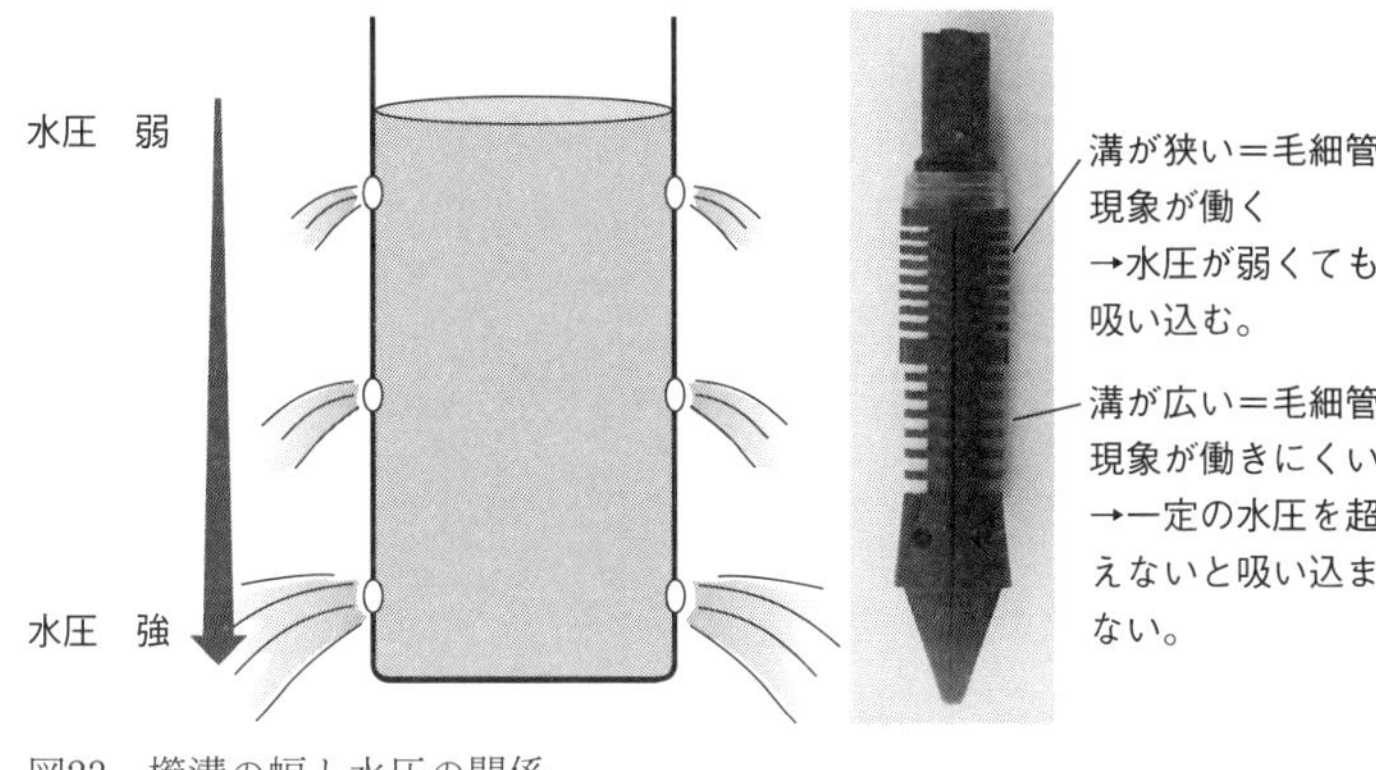
水圧　弱
水圧　強
溝が狭い＝毛細管現象が働く→水圧が弱くても吸い込む。
溝が広い＝毛細管現象が働きにくい→一定の水圧を超えないと吸い込まない。

図23　櫛溝の幅と水圧の関係

の櫛溝の間隔は広いので、毛細管現象は働きにくくなっています。つまり、インクにかかる圧力がある一定の程度を超えないと、この溝には流れ込まないという仕組みになっているのです。

このように櫛溝は、首軸側とペン先側のあいだに生じる圧力差に対応して、溝の間隔――つまりは、インクを吸入する力――を調整することで、インクが流れる量を一定に保つようにしています。

一説によると、パイロットの場合、この櫛溝の幅は、飛行機の上昇カーブと外圧の変化に対応するように設計されているとのこと。つまり、飛行機が上昇していくとともに、首軸側からペン先側に向けて順番に櫛溝にインクが流れ込み、最終的にはペン先側の太い溝にもインクが流入する。そして、高度一万メートルに達しても、インクがボタ落ちしないようになっているのです。性能がいい櫛溝であれば、このように各溝にインクがバランスよくたまります。

これほど繊細な設計でつくられている櫛溝ですが、万年筆の中には、この櫛溝の間隔がすべて一定のものや、まったく溝がないものも見かけます。櫛溝がない場合には、飛行機に乗ればインク漏れが起きる可能性は、高くなります（ただし、一見、櫛溝がないように見えても、首軸の内壁に櫛溝をつけている場合もあります）。

性能面を重視して万年筆を選びたい方は、この櫛溝の有無、櫛溝の間隔をしっかりと確認することをお勧めします。

4　キャップの役割

必須パーツとしてのキャップ

キャップは、万年筆の「筆記する」という機能とは直接、関係がないパーツなので、ついつい軽視されがちです。しかし、その役割と構造をつぶさに見てみると、思った以上に、手が込んでいることが分かります。

キャップの役割は二つあります。

ひとつは、ペンの先端部の保護です。持ち歩き可能な道具である万年筆は、いつ、どこで地面に落とすか分かりません。そういった衝撃から、キャップは万年筆の心臓と万年筆の頭脳を覆うことで守ります。

もうひとつは、インクの乾燥防止です。

万年筆は、ボールペンと比べるとインクの乾燥が非常に速い筆記具です。ボールペンであればキャップをせずに放置しておいても、しばらくのあいだ書くことができますが、万年筆の場合はインクの乾きも早く、気がつくと書けなくなってしまいます。これはインクの違いによるものではなく、万年筆の構造そのものに由来するものなのです。

ボールペンは、インクと外気の遮断性が高い筆記具です。ペン先はボールで塞がれており、インクは常に芯の筒に覆われています。一方、万年筆は、ペン先、ペン芯に流れるインクが外気に直接触れていて、しかもペン先からインクタンクのあいだには、ボールペンのボールのように、外気を遮断するものは何もありません。それどころか、インクタンクは空気溝ともつながっているので、キャップによってペン先とペン芯を覆うことでしか乾燥を防ぐことができないのです。使用していない時には、必ずキャップをつけておくことをお勧めします。

キャップの種類

基本的に、万年筆のキャップには二種類あります。

ひとつは、ネジ式のキャップです。これはキャップの内側と首軸の上部——つまり胴軸の先端部にネジ状の溝を仕込んだもので、キャップを外す時は、胴軸ではなくキャップ自体を回します。ネジの構造上、雄ネジ（胴軸側）と雌ネジ（キャップ側）を比べると、回転させる時、半径が短い雌ネジのほうが力が要ります。ですので、キャップのほうを回すと弱い力で外すことができ、万年筆全体にかかる負担も小さくなるのです。

もうひとつは、スナップ式で、カチッという感触を合図にはめるタイプのキャップです。インクの乾燥防止という点からこの両者を比べると、ネジ式のほうが気密性が高く、優れています。ただ、利便性のうえでは、回転させる手間がない分だけ、スナップ式のほうが早く、しかも、楽につけ外しができます。

ただし、スナップ式の場合、キャップを外す際、気をつけなければならないことがあります。というのも、スナップ式であっても、キャップを万年筆にはめると、どうしても気密性が生じ、キャップ内部の気圧が外の気圧と比べて低くなってしまいます。この時、いきなりキャップを外してしまうと、キャップ内部は負圧状態になり、それに引かれてペン先周辺のインクが吹き飛ぶことがあるのです。

ネジ式のキャップであれば、キャップを外す時に少しずつ中に空気が入り、負圧が生じにくくなりますので、インクが飛び散ることはまずないでしょう。実際、いくつかのメーカーの万年筆は、その点も計算されたキャップの設計になっています。一方、スナップ式の場合は、気密性を低めるために、キャップ内側に浅い縦溝を彫り、空気の入り口をつくっているケースがよく見受けられます。しかし、勢いよく引っぱると、瞬間的に負圧が生じるのでインクが飛び散ることも……。スナップ式の場合は、万年筆の本体を一度引くようにしてからキャップを外すか、あるいは、万年筆を上向きにしてから外すほうが安心です。

インナーキャップとメンテナンス

今見てきたように、キャップは、気密性が高いほどインクの乾燥を防げますが、気密性が高すぎるとインクが飛び散るという、ある種のジレンマ状態にあります。外気を遮断したいのに、遮断できずにいるといった具合で、インクは確実に乾燥してしまうという運命なのです。でも、ご安心ください。キャップの中にもうひとつ小さなキャップを入れるという二重構造で、インクの乾燥防止はしっかり図っているからです。

キャップの中のキャップはインナーキャップと呼ばれ、キャップ奥（ペン先側）に設けられています。首軸から先、つまりペン先とペン芯だけを覆うように設計されており、キャップ筒の縁が首軸前方の縁にあたることで空間を塞いでいます（図24）。

こうして見てみると、キャップは案外、複雑なものであることが分かるかと思います。それだけ

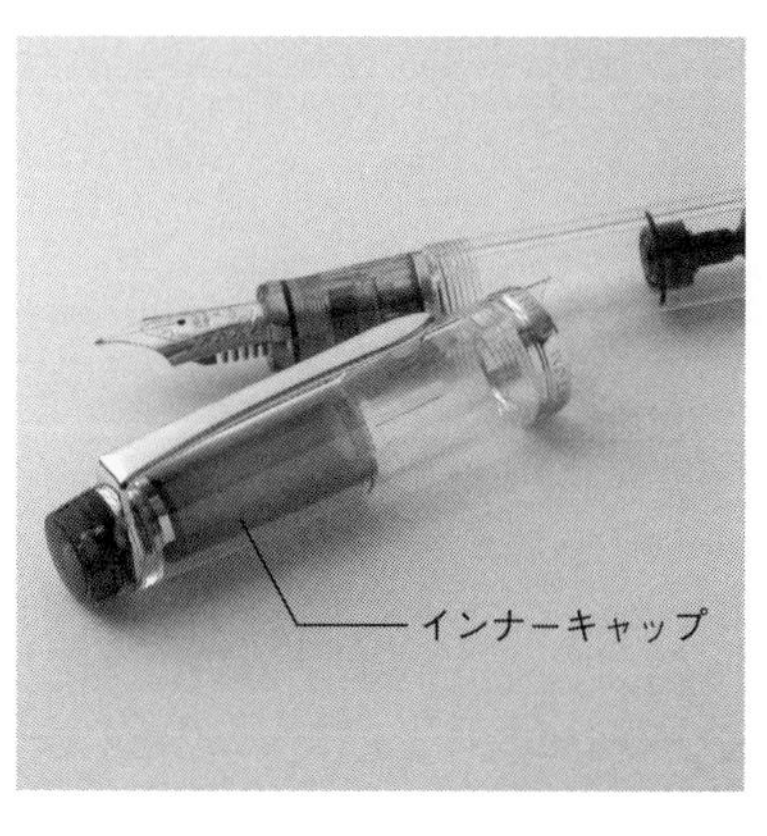

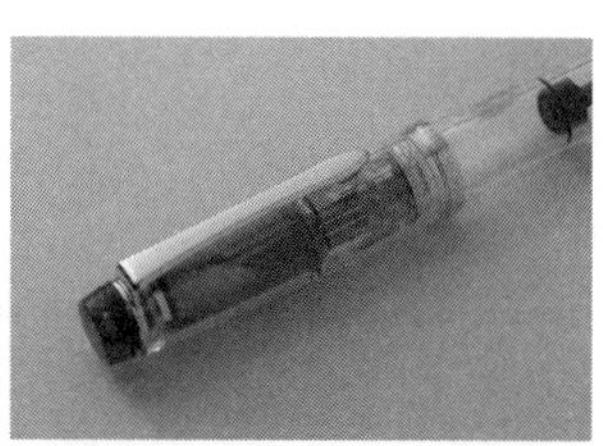

首軸の縁にあたり、ペン先全体を覆う。

図24　パイロット「カスタムヘリテイジ92」のインナーキャップ

に、メンテナンスにおいても十分、注意を払わなければなりません。

まず、キャップの水洗いは、ご自身でやるのは注意が必要です。

水洗いをすると、キャップは二重構造になっているので、間に入った水は簡単にはふきとれません。もし、乾いていないままキャップをすると、内部に残っていた水分が呼び水となってペン先からインクが引き出されてしまうことがあります。また、キャップの奥には、インナーキャップをとめるネジや、天冠（キャップトップ）をとめるビスもあり、これを傷めてしまうのも心配です。クリップがついている場合も同様で、金属部品のすきまに水が入り込むのは避けたいところです。

少し面倒ではありますが、キャップ内部は、柔らかい布や綿棒を使ってふき取ることをお勧めします。

5　万年筆のボディ――首軸・胴軸を中心に

万年筆の「持ち味」

万年筆の魅力は、言うまでもなく、その「書き味」にあります。この「書き味」をより良いものとするため、長年各社がペン先とペン芯にさまざまな工夫をこらしてきたと、これまでお伝えしてきました。

ペン芯の働きによってインクは途絶えることなく適切に流れ、ペン先の弾性と滑らかさで、書き手は快適に紙の上にインクをすべらせることができる――。

ただ、「書く」道具である万年筆は、同時に「持つ」道具でもあります。いくらペン先の性能が良くても、万年筆全体のバランスや手にした時の感触が悪いと、「書き味」は損なわれてしまいます。万年筆には「書き味」と同時に、いわば「持ち味」という重要なポイントがあるのです。

この「持ち味」を支える大きな要素となっているのが、首軸（グリップ）と胴軸――万年筆のボディとも呼べるパーツです。

この二つのパーツを、「持ち味」という点から徹底的に考えてつくることで、「書く道具」としての万年筆の質は、さらに向上することになります。

グリップの位置

「手で持つ道具」として万年筆をデザイン・設計する時、最初に決めなければならないのは首軸（＝グリップです。以下、握るものとしての首軸についてお話ししますので「グリップ」とします）の位置です。

第一章でも触れましたが、基本的に万年筆は、紙に対してペン先の角度が斜めでないとインクが出にくくなります。直角にすると、紙とペンポイントの接点面積が狭すぎて、書いてもカリカリし、倒しすぎてもインクの出が悪くなる。まずは、この視点からグリップの位置を決めていきます。

もし、グリップの位置がペン先側に寄りすぎていると、ペン先の角度は直角に近づいてしまいますし、逆に胴軸側に寄りすぎると平らになってしまいます。ちなみに、同じ筆記具でもボールペンは、紙との角度が垂直であるほうがインクが出やすいので、グリップの位置は、ペンボール側に置かれています。

また、仮に胴軸が同じ形、同じ太さの万年筆があったとしても、ペン先の大きさ、長さが違えば、当然、グリップの位置も変わってきます。

使用者が万年筆を正しく握り、的確に書けるようにするためには、グリップの位置を正確に捉えなければなりません。

ます。

持ちやすさの追求

持ちやすさ、握りやすさを追求するため、グリップは、いろいろと考え抜いたうえでつくられています。

たとえば、万年筆は三本の指で支え持つものなので、指にストレスがないよう「指の形態にあわせる」という発想が出て、指のふくらみに沿って、グリップ側面を凹状にしたデザインが生まれたりします。実際、このような形状の万年筆は、かなりの数、出ています。

万年筆にかぎらず、筆記具の断面は三角形、六角形、円形が圧倒的に多いのですが（四角形や八角形の万年筆は、極めて少数ですね）、それは、三本の指で支えるには断面を三角形とするのが一番、合理的だからです。その場合、三角形の各頂点——つまり六〇度の角度が、指に刺激を与えてしまうこともあるわけで、解消するには頂点を平らにするなど、角の鋭さを和らげる必要があります。すると、三角形は六角形に近づいていき、その六角形の角がまだ鋭いなら……と続けていくと、限りなく円形になっていく。つまり、筆記具の断面の形とは、漫然と決められたものではなく、あくまでも「三本指でペンを持つ」という観点から決められたものなのです。

ラミー社の「アルスター」や「サファリ」は、グリップの断面が円形ではなく三角形で、三つの側面が凹状に窪んでいて、そこに三本の指を添えられるようになっています。また同じ三角状のグリップを持つ万年筆に、ペリカン社の「ペリカーノ ジュニア」がありますが、これは子供がペンの持ち方を学ぶために開発されたものです。

ラミー社もペリカン社もドイツ生まれのメーカーですが、ドイツには「ものを書く」という文化、筆記具文化とも呼べるものが根強くあるため、こうした商品が生まれたようです。使用者にグリップの位置、持ち方を明確に示すという姿勢は、人によっては少し窮屈に感じるかもしれませんが、計算されたバランスを再現でき、確実に万年筆のパフォーマンスは上がるので、私は大人が使ってもいい、入門にはふさわしい製品だと思います。

また、持ちやすさを「形」で叶える方法もあります。

たとえば、合成樹脂（＝プラスチック）を用いたグリップには、比較的つるつるとしたものが多いのですが、そんな時は、グリップの底辺部（ペン先寄り）をリング状に膨らませたりするといった工夫を凝らし、指がすべらないようにします。グリップが金属の万年筆ですと、小さな凹凸状の模様をつけるといった加工を施しているものもあります。

万年筆の持ちやすさを追求するうえで、「使用者の持ち方にあわせることができるグリップ」という発想は、ある意味、究極のアイデアかもしれませんが、かつて、それを実現した万年筆がありました。

一九六四年に発売された「パーカー75スターリングシルバー」は、グリップの先端にアルミリングの目盛りがつけられており、それを目安にペン先を回転させることができる万年筆でした。つまり、自分の持ち方、握り方にあわせて、ペン先の角度を調整できたのです。

まさに自分が一番、持ちやすいかたちで使える、一番実用的なグリップになると思うのですが、残念ながら今は製造終了となり、このアイデアも残ることはありませんでした。

万年筆の重心

万年筆の長さと太さは、そのボディの大半を占める胴軸のサイズによって大きく変わるものです。しかし、この胴軸のサイズもまた、いろいろな要素によって左右されます。

たとえば、インクタンクの大きさを考えてみましょう。もし、胴軸が短すぎたり、細すぎたりすると、コンバーターを入れられなくなってしまいます。

かといって、同サイズのコンバーターが入るよう、同じ胴幅の万年筆をつくったとしても、胴軸の素材や塗装を変えたら厚みも変わり、コンバーターが入らなくなることもありえます。素材を変えないのであれば、サイズ変更をして胴軸を太くするか、コンバーターを一回り小さいものにするしかありません。

また、ペン先が大きい万年筆の場合、ペン先にあわせてシルエットをつくろうとすることで、胴軸が太めになったりします。もし、胴軸を太くしなければならないのなら、重量が重くならないよう、長さを短くしたり、軽い素材に変えたりすることを考えます。

このように、胴軸の長さと太さを決める要素はさまざまで、しかも、どちらかを立てれば、どちらかを引っ込めないといけないといったような関係にあることが多いのです。それでも、万年筆の場合、「持ち味」だけは損なわないようにしなければなりません。もし、持ち味が悪ければ、持つ道具である万年筆は用をなさなくなるからです。

持ち味にこだわるには、まず、万年筆全体の重量を考えなければいけません。重すぎる万年筆は使いにくいため、特に金属素材を使った万年筆は、この点をよく考えて設計する必要があります（ただ、技術が発達し、さまざまな素材が開発されてきたので、最近では重すぎる万年筆というものは、あまり見られなくなりました）。

重量の問題が解決できたとしても、もうひとつ重要なポイントが残ります。持った時のバランス——その万年筆の重心の位置です。

重心とは、簡単にいえば、重さのバランスをとることができる「点」のことですが、万年筆は棒状の形態をしていますので、簡単にその位置を計測することができます。指先など、支点となるもののうえに万年筆を置いた時、シーソーのように左右の重さが釣り合う点が、その万年筆の重心になります（図25）。

一般的に万年筆は、持った時に、人差し指と親指のつけ根にある股の部分に重心が来るものが一番、持ちやすいとされています。万年筆を手にして、その位置を保ちながら、指の股を支点にして万年筆を置いてみてください。手の甲側にペンが傾けば、万年筆の重心はうしろにありますし、手のひら側に傾けば、重心は前にあります。これがどちらにも傾かない時、あなたの手が一番、重さを感じない状態といえるわけです（図26）。

図25　重心の見つけ方

図26　理想の重心位置　人差し指と親指の股に重心が来る。

各メーカーは、多くの人が快適に使えるよう、重心と長さを計算しながら設計をしています。たとえばもし、万年筆のボディが長すぎて重心がうしろにきた場合、重心を前に寄せるように全体を短くしたり、また、適当な長さであってもうしろに重心がきてしまうなら、素材、あるいはペンのシルエットを変えてみたり……。

ボールペンと万年筆のシルエットを比べると、ボールペンは胴とペン尻がほぼ同じ太さ——つまりは、寸胴形が目立ちますが、万年筆はペン尻のほうがいくぶん細く、全体的に流線型になっているものが多い傾向にあります。これは、単にデザイン的な趣向ではなく、重心の問題、つまり、重心がうしろに来ないように、ペン尻を細くすることで軽量化しているわけです。

重心の多様性

ちなみに、日本と海外では、重心の捉え方が大きく異なっています。

日本の万年筆の多くは、キャップをうしろにつけることを前提に、重心の位置が調整されていますが、海外はキャップをつけない状態が前提となっている製品がほとんどです。

キャップをペン尻につけると、キャップが胴軸より太いので、当然、尻が重くなります。そのため、日本の万年筆は、胴軸の長さを比較的短くし、ペン先寄りを適度に重くしていることが多いのです。もし、キャップをつけない状態で使用すると、重心はかなりペン先寄りにくることになります。

一方、ペリカン社の「スーベレーン」は、「黄金の重心バランス」を持つ万年筆として広く知られていますが、M800、M1000といった大型モデルではキャップをつけると重心が大きくズレてしまいますし、見た目もかなり長くなってしまいます。

重心は「持ち味」を決める大きな要素ではありますが、実はさまざまな考え方があり、人によって好みが異なります。万年筆の重心は、親指と人差し指の股のところに来るのがベストとされていますが、すべての万年筆がそのようにつくられているわけではありませんし、すべての人がその考えを支持しているわけではないのです。

たとえば、人によっては重心がうしろにある万年筆のほうがいい場合があります。

実は、万年筆の売り場に立っていて一番困るのが、「重い万年筆が欲しい」というお客さまからのリクエストで、前にも書いたとおり、今は重い万年筆はあまりつくられていないのです。ただ同じ重さであっても、重心がうしろにあるペンのほうが重く感じるので、重心の位置を考えてお勧めするようにはしています。

また、あえて重心を前に置いた万年筆もあります。セーラーの「プロフィットFL」はその代表とも言えるでしょう。

「プロフィットFL」は、司法試験受験者に向けてつくられたもので、論文試験など、大量の文字を書いても手が疲れないように設計されたと言われています。つまり、手にできるだけ重さがかからないようにつくられた万年筆なのです。

万年筆で紙に文字を書く時、その重さを支えているのは、手と紙の二つです。この時、重心がペン先側に行けば行くほど、紙が支える重さの比率が大きくなり、手の負担が減っていくことになります。こうした考えのもと、通常の「プロフィット」シリーズの首軸は樹脂製なのですが、「プロフィットFL」はグリップを金属製にすることで、重心を前に寄せているのです。

現在、「プロフィットFL」は製造終了となり、「プロフィット ブラックラスター」へとモデルチェンジされましたが、「前重心」という設計思想を見事に受け継いでいます。

万年筆のペン先の字幅は、用途によって選ばなければなりませんが、重心もまた用途に左右されるもので、それに従って、ボディのつくりや素材なども変わってくるのです。

パーツの接続部と素材

万年筆では、基本的に首軸と胴軸は別パーツとなっており、それぞれにネジ状の溝を設けることで接続しています。

この時、首軸と胴軸が同じ素材であれば問題ないのですが、違う素材——たとえば、片やAという合成樹脂、片やBという合成樹脂ですと、硬度の違いなどにより、どちらかのネジ状の部分が摩耗してしまうことがあります。それを避けるために、それぞれのパーツの内枠に同じ素材——たとえば合成樹脂Aと合成樹脂Bを接続するならば、同じ金属を仕込み、ネジ状の溝を設けて接続しているのです。

これは、ネジ式キャップの万年筆も同様、つまり、本体とキャップの素材が違う場合には、両方のパーツの内枠に同じ素材を仕込むか、あるいはスナップ式に設計変更するといったことになります。

スナップ式の場合、素材が合成樹脂ですと、つけ外しを繰り返すうちに強度が落ち、割れてしまうことがあるので、過度な着脱には気をつけてください。

ボディ素材の歴史

ところで、首軸、胴軸、キャップ——つまり、万年筆のボディはどのような素材でできているのでしょうか。

その素材を、ひとつひとつ挙げていたらきりがないのですが、基本的にボディの素材は、ごく特殊な素材を除けば、合成樹脂（＝プラスチック。「レジン」と呼ばれる場合もあります）、金属、木材の三つに大きく分けることができるでしょう。

合成樹脂の代表としては、色彩の美しさで知られるアクリルをはじめ、ノートパソコンやテレビのボディにも使用されている不透明なＡＢＳ樹脂や、使い捨てライターや自動車のメーターカバーに使われている透明度の高いＡＳ樹脂などが挙げられます。また、オリジナルの樹脂を開発しているメーカーもあります。

金属であれば、銀やスターリングシルバー（銀の含有率が九二・五パーセントの合金）が有名ですが、航空機にも使われているチタンのような金属も、生産技術の向上とともに万年筆の素材として使われるようになりました。

また、木材であれば、煙草のパイプの素材としても有名なブライヤーやエボニーなどが、代表として挙げられるでしょう。

重量に関していえば、合成樹脂が最も軽く、金属が最も重い素材となります。

万年筆の素材は重量だけでなく、使用者からすれば耐久性や耐衝撃性、耐水性といった条件を満たしたものがよいということになりますし、生産者側からすれば、加工のしやすさも大事な要素になります。逆にいえば、この条件を満たさない素材を用いた万年筆は、製造コストがかかるため高価になる傾向がありますし、扱い方にも注意が必要になります。

たとえば、アセテートは眼鏡のフレームなどに用いられる合成樹脂で、弾力性に富み、光沢感があって非常に美しいのですが、熱と湿気に弱いため、これを素材とする万年筆は慎重に扱わなければなりません（現在、アセテート製の万年筆は、非常に数が限られていて、一種の貴重品になっています）。

また、一種の加工ゴムであるエボナイトは、黒褐色の素材で、形状に安定性があり、インクへの耐性も高いのが魅力ですが、紫外線に弱く、光に当たると退色や表面劣化を起こします。そのため、エボナイトを用いる場合には、表面に何らかのコーティングが欠かせません。たとえば、パイロットの「カスタム845」「カスタム URUSHI」はエボナイトに漆を塗って、美しさと耐性を両立させています。

かつては万年筆の主要な素材であったものの、今はあまり使われなくなった合成樹脂に、セルロイドがあります。

セルロイドは、その光沢感と透明感、発色性が豊かなことで、重宝されていました。しかし、耐久性がなく、時とともに痩せてしまうので、万年筆自体のサイズが変化したり、もろくなってしまったりという欠点もあり、新しい合成樹脂が次々と開発されていくにしたがい、表舞台から姿を消してしまいました。現在では、ごく一部の万年筆にしかセルロイドは使用されていません。

一九二一年に発売されたパーカーの「デュオフォールド」は、万年筆＝黒が当たり前だった時代に、ボディをオレンジにしたことで、色付き万年筆の先駆けとなりましたが、一九二六年、軸の素材をハードラバーからセルロイドに変更するとともに、さまざまな色をしたセルロイド製の万年筆を発売しました。その色の鮮やかさは、今見ても非常に美しいものです。現在の万年筆の素材の主流となっているアクリルも美しいのですが、セルロイドと比べると、いまひとつ鮮やかさに欠けます。

現在、セルロイド製万年筆がなくなりつつあるのは仕方のないことではありますが、それとともに、あの鮮やかな美しさも消えてしまうのは、本当に残念なことです。

万年筆の〝ボンネット〟

万年筆の胴軸とキャップは、それぞれインクタンクの収納、ペン先の保護といった役割を担っていますが、他のパーツと比べると、その外形・外面はいたってシンプルです。万年筆は機能上の制約が多いので、デザインの自由度が低い道具ですが、胴軸とキャップはその中では自由度が高いパーツといえます。

そこで、万年筆メーカーはこのパーツに、自分たちの「顔」――シンボルをつくろうとしました。

自動車であれば、ボンネットやフロントグリルに、フードマスコットやエンブレムなどメーカーのシンボルがついていますが、万年筆の場合、胴軸やキャップがこの部位に相当するわけです。

胴軸を使ったシンボル・デザインとして有名なのは、ペリカン社の「スーベレーン」でしょう。鮮やかな色彩の縦縞が万年筆の胴体を覆っていて、一目見て、「スーベレーン」だと分かります。

この縦縞模様は、プレキシグラスという商品名のアクリル樹脂でつくられています。樹脂の透明板と色板を何層も重ね、圧縮してブロックをつくりスライスすると、おなじみの縦縞模様が現れます。そして、スライスしたものを円筒状に丸めると、あの色鮮やかな胴軸の外面ができあがるのです。

万年筆の一番シンプルで分かりやすいシンボル・デザインは、キャップの天冠に入っているマークかもしれません。モンブラン社の白のブランドエンブレムなどは、その最たるものといえるでしょう。メーカーの中には、ここに会社のロゴを入れているところもあります。

キャップについたクリップもまた、シンボルとしての役割を果たすケースがあります。

本来、クリップには機能上、二つの役割があります。

ひとつは収納。ポケットの布地に差し込んだり、ノートの表紙を挟んで持ち歩けるようにするためです。この時、挟む機能を上げるため、クリップの根元にバネを仕込んだ設計もみかけられます。もうひとつは、円形の万年筆には特に重要となる転がり防止です。同時にここは、デザインの自由度が高いことから、各社シンボルが施されていることが、かなりあるのです。

最も有名なのは、パーカーの矢羽形のクリップでしょう。パッと見て分かるデザインで、胸ポケットに差し込めば、矢羽形のクリップがきれいに映える――ステイタスシンボルとしても魅力的です。このような万年筆のシンボルは、万年筆愛好家のみならず、多くの人を魅了するようです。

6　万年筆の個性

機能性から離れて

ここまで、万年筆を「書く道具」として――つまりは、機能性という側面から見てきました。各社、さまざまな工夫を凝らしているとはいえ、もし「書き味」「持ち味」だけを求めて万年筆をつくるのならば、どの万年筆も、みな、似たり寄ったりのものになってしまうはずです。おそらく、ＡＩ（人工知能）に万年筆を設計させた時に出てくる解答のような姿・形に集約されていくでしょう。でも、実際、そうはなっていません。

それはなぜかといえば、「書き味」「持ち味」について、各社それぞれの哲学があるからです。パイロットであれば、ストレスなくインクが潤沢に出てくる万年筆、プラチナであれば、インク量を抑えめにして速書きに適したものを、セーラーであれば手に荷重のかかりにくい、重心を前に寄せたものを、「よい万年筆」と考え、つくっています。つまり、どのようなユーザー向けなのか、そのユーザーにあった機能を細かく追求することで、万年筆の個性が出てくるわけです。

とはいえ、どれほどユーザーの好みに幅があろうとも、機能性ばかりを追求すると、どうも面白味に欠けたものになってしまいがちです。「書く」という機能以外でも心くすぐる特徴があったほうが、スター性が出て、愛着も増すはず――。

そんな観点で、万年筆のさらなる「個性」について考えてみましょう。おおむね二つに分類できると思います。ひとつは万年筆を「会話のきっかけの道具」として見る視線、もうひとつは万年筆を「装飾品」として見る視線です。

万年筆のストーリー性

「会話のきっかけの道具」としての万年筆とは、その万年筆があることで、会話が始まったり、会話が弾んだりするようなタイプのものを指します。「ストーリー性のある万年筆」と言い換えてもいいでしょう。

「ストーリー性」とは、簡単にいえば、付加価値のこと。たとえば、同じ野菜であっても、××さんが、何年もかけて開発した無農薬野菜ということであれば、その野菜は高く売れます。つまり、「××さんが、何年もかけて開発した」というストーリーがつくことで、付加価値がつく。

ただ、ストーリーというものには、強いものと弱いものがあります。たとえば、「この万年筆は××という有名メーカーのものだよ」と言っても、振り向いてくれる人は、それほど多くはありません。この場合、ストーリーとなっているのはブランド力ですが、万年筆の場合、ブランド力のある商品はたくさんあるので、ストーリー性としては弱いものとなります。「××年にわたって開発」という背景についても同じでしょう。万年筆の場合は、むしろ、それはありふれたキャッチコピーのように聞こえてしまいます。

ですので、万年筆の「ストーリー性」を上げようとする場合、なるべく強いトピックスを見つけなければなりません。

たとえば、ヴィスコンティ社には「ホモ サピエンス ブロンズ」というアイテムがありますが、これは、胴軸に、地球ができて間もない頃にできた溶岩が素材として使われています。非常に珍しい素材、誰も聞いたことがないような新素材を使うことで、強烈な個性となります。

また万年筆の場合、ストーリー性は、〝モチーフ〟として表れることが多いように思えます。たとえば、これもヴィスコンティ社の商品ですが、「ファン・ゴッホ」というシリーズは、ゴッホの絵画の色使いをボディ上で表現したものです。

クローネ社の「アルベルト・アインシュタイン」は、まさにその窮極の部類に入るでしょう。「アインシュタイン」は、科学者アルベルト・アインシュタインをモチーフにしたもので、一本一本に彼の直筆の原稿から切り取られた文字が、キャップトップに埋め込まれています。また、キャップリングには、彼のサインが彫り込まれているなど、全体にわたって、アインシュタイン一色に染められています。

この「アインシュタイン」は、一二五グラムと極度に重く、筆記具としての実用性はほとんどありません。つまりは、「会話のきっかけの道具」としての万年筆ですが、その在り方は、どちらかというと、次でお話しする「装飾品」としての万年筆に近いかもしれません。

装飾品としての万年筆

機能性を重視した万年筆でも、キャップの天冠やクリップに、メーカーのシンボル、ロゴを入れているものがあるのはすでに見たとおりですが、これらは純粋な「書く機能」から切り離されたものであり、ある意味、装飾性のひとつの姿といえます。こういった装飾性をバランスよく取り入れることで、機能性重視の万年筆であっても、個性を生むことができるはずです。

ただ、装飾が単なる「お飾り」で終わってしまうと、あまり面白味は生まれません。やはり装飾であっても、どこかしら機能性によって裏打ちされたものでないと、ちぐはぐなものとなってしまい、「書く道具」としては、美しいものにはならないように思えます。

もし、機能性を完全に切り捨て、装飾性だけを追求すると、万年筆はどのような姿になるのでしょうか。

たとえばセーラーには、有田焼の万年筆があります。このアイテムは重量が重く、クリップがついていません。つまり、長時間執筆するとか、持ち歩くという機能性とは切り離されるかたちでデザインされており、この場合、一種の美術工芸品としてつくられていると言っていいでしょう。

またカランダッシュ社の「1010 Diamonds」は価格が一億円で、ホワイトゴールドと八五〇個以上のダイヤモンドが使われ、もはや宝石・貴金属と変わらないものとなります。

こうなると、「これを万年筆と言っていいのか」という話になってくるのですが、実際、このようなタイプを購入するファンは存在します。もちろん、「書く道具」としてではなく、コレクションとして、もしくは資産価値のあるものとして買われるのでしょうが、万年筆にある「装飾性」という側面を突き詰めたひとつの姿ではあるので、やはり、「万年筆」と見るべきかと思います。

この点においては、人それぞれの意見があるとは思います。ただ、万年筆には「機能性」だけでなく「ストーリー性」「装飾性」という魅力があり、それらがその世界に広がりや面白味を与えているのは確かなことなのです。

PEN WIPERS WITH GLASS BALL
最新式色硝子玉入ペン立ペン洗兼用

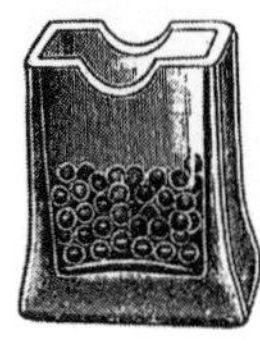

¥ ,65

自拾五錢至九拾錢 各種

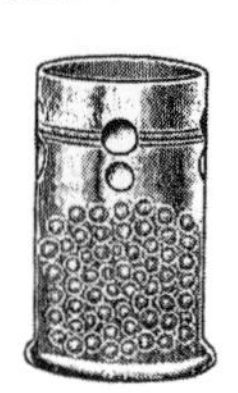

¥ ,90

PEN WIPERS WITH BRUSHES
ペ　ン　洗

¥ ,50

¥ ,70

MOISTENERS
切手類貼付用採濕器

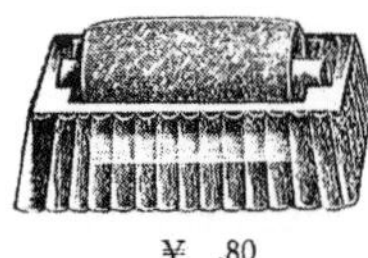

¥ ,80

自参拾五錢至九拾錢 各種

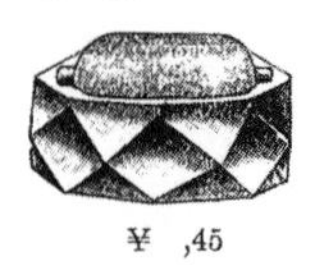

¥ ,45

明治43年4月1日改正版「伊東屋　営業目録」より

第四章

より広く、深く知るための万年筆「世界地図」

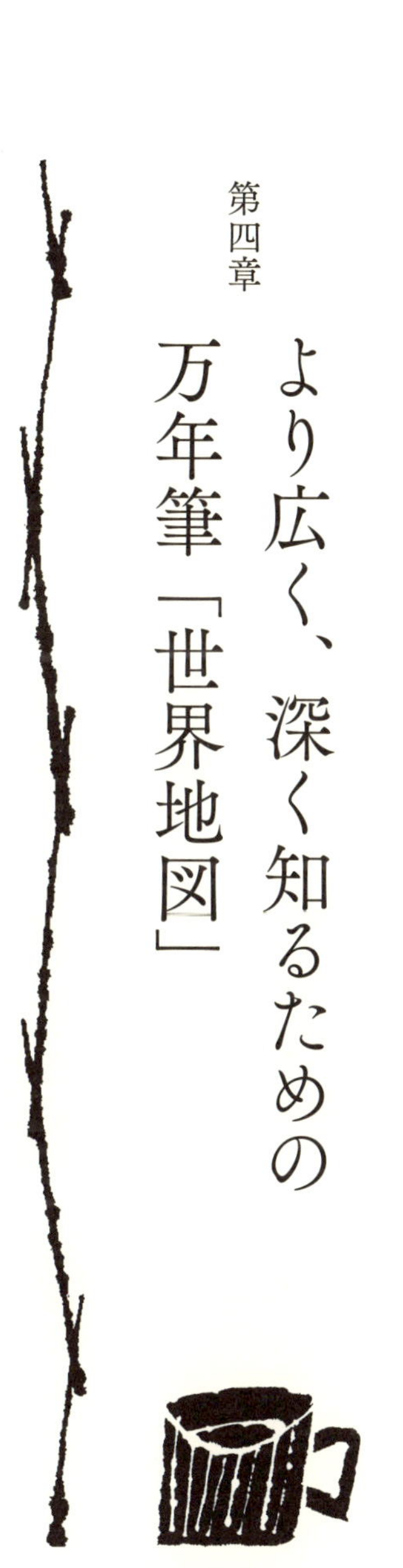

1　国・地域別で見る万年筆の特徴

二本目を選ぶにあたって

第一章では初心者や久しぶりに使う方を意識して、国産に絞ってお勧めしました。万年筆ライフを定着させるためにも、まずは使いやすさ、馴染みやすさで考えたわけですが、その先に進むとしたら、さて、どんな風に世界を広げていけばいいでしょうか。

二本目以降は、極端な話、見た目で選んでもいいかもしれません。

何をおいても万年筆にとって大事なのは、どんどん使うことです。手に取るたびに、自分好みのデザインが目に入るほうがやっぱり楽しいですし、また使いたくなるはずです。しかも使うほどに書き味は良くなるのですから好循環。あるいはいっそ見た目重視で、ネクタイピンのようにアクセサリー感覚で胸元に使う、手帳との配色を考えて遊ぶなど、書くより見せるものと考えたほうが選択肢が広がりそうです。

その点、海外メーカーには、見た目や装飾性、ストーリー性といった点でユニークなものがたくさんあります。そこでこの章では、国内も含めて、世界の万年筆の特徴や、この先注目すべき動向についてお話ししてみましょう。

併用するなら三本くらいに

その前に、これから二本目、三本目と購入していくにあたって、気をつけていただきたいことがあります。

これは個人差もあるのですが、普通のユーザーであれば、万年筆は三本以上は併用しないほうがいいでしょう。というのも、持っている万年筆の数が多ければ多いほど、一本当たりの使用頻度が減ってしまうからです。すると、使わない万年筆はインクが乾きがちになって、結果、本体に思わぬダメージを招いてしまうことがあります。もし、三本以上持つ場合は、そのあたりに気をつけて、なるべくどれもまめに使うよう心がけてみてください。第二章でも書いたとおり、万年筆は、使うことが一番のメンテナンスになるのですから。

そして三本以上、持つのであれば、同じようなタイプの万年筆にはせず、せっかくなのでバリエーション、ふり幅をつけてみてはいかがでしょうか。そのあたりは、ファッションと同じで、とにかくいろいろ使ってみて、自分にあう万年筆を探していただければと思います。

「技術力」の日本

書き味やデザインなどさまざまな面で、万年筆はつくられた国や地域の特性、お国柄が出るものです。各国の万年筆メーカーの特徴、特色を見る前に、それをざっと眺めることにしましょう。

まずは、日本からです。

日本は長い間、海外の錚々たる一流万年筆ブランドを追いかけてきました。その中で、技術力を着実に伸ばし、最終的に自らブランドを立ち上げ、今やその高い技術力は、世界中で高い評価を受けています。おそらく製品の安定性（故障が少ないなど）、耐久性といった点で世界一でしょうし、書き味も非常に優れています。また使い勝手の良さなど、ユーザーを意識した細やかな設計も、日本製万年筆が愛される要素のひとつかもしれません。

たとえばパイロットの漆塗万年筆「カスタム８４５」や蒔絵万年筆（三万円と五万円のモデル）のキャップの縁の内側には、フェルト状の柔らかい素材が張り付けられています。これは「防摩」（パイロット独自の名称）と呼ばれ、キャップの開閉時やペンの後端部に差し込む際に、漆塗りの軸が摩擦で傷つかないように配慮されたものです。

このように日本の万年筆は、細やかな配慮を積み重ねることでクオリティをあげてきた側面があります。実際、日本製の万年筆を目当てに私どもの店舗にいらっしゃる海外のお客様は、欧米、アジアを問わずたくさんいるのですが、日本のものは丁寧にできていて品質がいいという声をよく耳にしています。

「均一性」対「ハンドメイド」

日本の万年筆、とくに大手メーカーがつくっているものは、品質においてもデザイン面においても「均一性」が高いといえます。

逆にいえばその分、時代を通じてデザインに大きな変化がなく、斬新なシルエット、デザインが誕生する機会にはなかなか立ち会えません。これは、日本人の技術観に関係しているように思えます。

日本人には、技術というのは「均一性」を達成するためのものと考えているところがあります。昨日つくった製品も、今日つくった製品も、明日つくる製品もみな同じで、品質にもデザインにもムラやズレがないということが、技術が高いことの証明だと考える傾向が強いのです。それを達成する道具として、機械を導入しています。

ところがヨーロッパでは万年筆を評価するにあたって、この「均一性」というものにはあまり重きを置いていないように思われます。

ヨーロッパにおける万年筆の一番の評価のポイントは、「ハンドメイド」ということにあり、日本であれば機械で均一につくっているような部位も人間の手で行うことを重視しています。

特にイタリアの場合、万年筆が大工場で大量生産されるといったことはほとんどなく、家内制手工業的な環境のもと、手仕事でつくられていることが多いのです。

イタリアの万年筆は、デザイン性の高さに定評がありますが、もしかしたら、こうした技術観、価値観の特性が、デザイン性特化の背景にあるのかもしれません。

イタリア・ドイツ・フランス・スイスの違いは

イタリアの万年筆は、デザインが華やかで、見ていても飽きないくらいです。

イタリアは樹脂の生産・加工がさかんで、繊細な洋服ボタンの製造などはお家芸としてとても有名なのですが、万年筆もまた、さまざまな樹脂を使用して加工を施し、その色合いの鮮やかさで、使う人の目を楽しませてくれます。

かつて、イタリアの万年筆は「技術よりもデザイン」というイメージで語られることが多く、事実、昔のイタリアの万年筆は、書き味はそれほど良くはなかったのですが、今は技術も進んで、確実に良くなっています。

とはいうものの、普通に使っていれば問題はないのですが、手仕事ゆえの品質のバラつきや、もろさが出ているケースは今でもないわけではありません。そういう意味で、イタリアの万年筆を使う場合には、万年筆のことをしっかり理解したうえで、丁寧に扱う必要があります。まさに「万年筆を良く知る人こそ使いこなせる」ものなのです。

一方、同じヨーロッパであっても、ドイツやフランス、スイスになると、少し話が違ってきます。

たとえば、ドイツの場合、全体的に技術のレベルが高く、イタリアのような製品のムラは見られませんし、アフターケアもしっかり対応できる体制を整えています。またデザインに関しても、ラグジュアリーから機能美を追求したものまで、多彩な方向性はありますが、イタリアの華やかさはなく、総じて落ち着いた印象となっています。このあたりは、イタリア産の自動車と、ドイツ産の自動車のデザインの違いを想像していただくと分かりやすいかもしれません。

フランスやスイスの万年筆も、日本ほど均一性はありませんが、品質は安定しています。デザインも、フランスであればエレガントで洗練されたシルエット、スイスであれば時計産業が盛んな国らしく精緻な彫刻や宝飾を施した外装が目を惹きます。そして、ともに色彩感覚がとても豊かです。

このように見ていくと、どこもその国独自の強みを活かした万年筆づくりをしていることが分かるかと思います。

空洞化するアメリカvs.急成長の中国・台湾

ところで、アメリカの万年筆は、現在、どのような状況になっているのでしょうか。

長年、万年筆の一大帝国を誇るパーカーも、毛細管現象を利用した万年筆を発明し、万年筆の歴史に画期的な一頁を開いたウォーターマンも、ともにアメリカ生まれのメーカーですが、今や本部はそれぞれ、イギリス、フランスに移りました。

これもまたお国柄ゆえの話なのですが、合理主義的なことで知られているアメリカでは、現在、製造業全般において効率化が進んでおり、工場などの生産拠点を国外に移しています。この「効率化の波」は何もアメリカに限ったことではないのですが、アメリカの万年筆業界に関しては特に厳しい状況で、産業空洞化に歯止めがかかりません。

一方、この生産拠点の移動の受け皿になっている中国や台湾は、そのぶん、万年筆の製造技術を確実に伸ばしています。

万年筆の製造には専門的な技術、職人技が必要とされるものなので、お客様から「中国や台湾に、そんな技があるのか」と聞かれることがたびたびあるのですが、「イエス」と答えても差し支えはないかと思います。もちろん、日本のメーカーに追いついているかといえば、まだそこまでとは言えませんが、中国にしろ台湾にしろ、「技」が必要な細かい作業に対応できる技術を、どんどん身につけています。かつて、日本が海外から下請け的な仕事を受注していく中で技術力を伸ばしたのと同じようなプロセスを、中国や台湾もたどっているのです。

事実、台湾では、海外有名ブランドのOEM（original equipment manufacturer の略。委託者のブランドで製品を生産すること）を行っていた会社が、TWSBI（ツイスビー）というブランドを二〇〇九年に立ち上げましたが、このブランドは、技術力、販売力の点で、今、世界的に注目されています。

また中国や台湾——つまり、中国語文化圏には、万年筆を受け入れる文化的土壌があることが、ひとつの強みとしてあるように思われます。

書道は中国で生まれた文化であり、日本と同様、小学校教育にも取り入れられているのですが、中国の場合、「軟筆」（毛筆）と「硬筆」（鉛筆、ペン）の二つに明確に区分され、そのどちらもが教育課程に入っています。もちろん、小学生がみな、万年筆を持っているわけではなく、授業は鉛筆で行われていますが、ただ、中国の書道の世界においては、鉛筆、ボールペン、白墨など、さまざまな筆記具の中で、「万年筆」が最高位にあるとされています。

日本の場合、筆記具としては、鉛筆、シャープペンシルが多く使われる傾向にありますが、欧米では鉛筆は文房具ではなく、画材扱いされています。ですので、子供は学習の際、鉛筆ではなく、万年筆やボールペンを使っていますし、第三章でも見たとおり、ドイツでは筆記具の握り方を学ぶ万年筆も販売されています。つまり、日本と比べて、欧米では万年筆が日常品化している度合いが高いのですが、中国や台湾もまた、そういった文化的な土壌を持っているのです。

もしかしたら、一〇年後、二〇年後には、中国産、台湾産の万年筆が、世界を席巻しているかもしれません。

2　各国万年筆メーカーの特徴を知る

万年筆メーカーはたくさんあれど……

万年筆の国や地域別の特性、特徴を見てきたところで、いよいよ世界各地のメーカーの紹介に入りたいと思いますが、その前にいくつかお伝えしなければならないことがあります。

まず、世界には数え切れぬほどの万年筆メーカーがありますが、そのすべてを紹介することはできません。

ですので、ここでは主に品質の面（ある程度、安定した状態で使えるもの）、機能性の面（極度に装飾性の強いものではなく、「書く」という筆記具としての機能があるもの）、価格面（高価であっても手の届く範囲のもの）といった要素を考慮して、その数を紙幅にあわせて限らせていただきました。

また、海外メーカーに関しては、日本での販売実績がある会社に絞っています。

このように言うと、「何を閉鎖的なことを言っているのか」という声が聞こえてきそうなのですが、何も理由がないわけではありません。

一番の理由は、メンテナンスとアフターケアの問題です。

万年筆は筆記具ではありますが、総じて他のものと比べて高価ですし、消耗品として片づけることができない道具です。つまり、簡単に買い替えをするのではなく、二年、三年と、あるいは一〇年、二〇年と使うもの。けれども、もし修理が必要となった時、そのメーカーが倒産、あるいは日本から撤退していたら、文房具店でも対応することができません。部品の交換が必要な場合でも、供給しようがなくなってしまうのです。

ユーザーの中には、万年筆を使っていくうちに自分の分身のように思えてくる方はたくさんいらっしゃいます。修理ができなければ、その方は自分の分身を失うことになります。そのようなことが起こらないようにするためにも、メンテナンス、アフターケアのことも考え、指標として日本での販売実績を考慮した次第ですので、ぜひとも、ご理解いただければと思います。

では、まず、日本の万年筆メーカーからスタートしましょう。

圧倒的な安定感と安心感――「パイロット」

パイロットの歴史は、烏口（からすぐち）（製図用の特殊なペン）から始まります。

明治時代の末期、当時、東京商船学校（現東京海洋大学）の教壇に立っていた並木良輔氏は、製図の授業で使われる烏口の使い勝手の悪さに不満を覚え、インク供給機構を持った新しい烏口を開発しました。ただ、この時、先端の摩耗については解決ができず、並木氏は金ペンのペンポイントの研究に乗り出します。そして、長年の研究の末、硬く非常に溶けにくい金属イリドスミンを入手し、その加工に成功。旧友の和田正雄氏の支援を受けて初の純国産万年筆を製造し、一九一八年に、万年筆の製造販売会社「株式会社並木製作所」を設立しました。

この並木製作所が、パイロットの前身に当たります。

パイロットの製品は、技術と完成度の高さで世界的に定評がありますが、一番の特徴は、その安定感にあると言えるかもしれません。製品ごとのブレがなく、プランジャー式のような複雑な機構を採用しているアイテムであっても、滅多に故障しないという信頼性。これは、「パイロット工場見学ツアー」（口絵）でも記したとおり、ペン先原料の合金鋳造から仕上げまで全工程を自社内で行っているからこそなしえる業（わざ）といえるでしょう。

万年筆づくりにはある種の「職人技」が求められますが、パイロットの場合、作業員ひとりひとりに、職人であることと同時に、トータルな視点を持つことが要求されています。つまり、ひとつの作業に狭く、深く、没頭するだけでなく、その前後の作業、ひいては全体の作業工程をも知らなければいけない。言うなれば、個人の技能を会社の技術として昇華させているわけです。個人の技術と知識を確実に後世に継承する、そんな姿勢にも「安心」かつ「安定」の理由が窺えます。

パイロットの強みは安定性だけではありません。その長い歴史の中で、趣向を凝らした幅広い製品を生み出してきました。

関東大震災直後に、「欧米に勝るとも劣らない万年筆をつくりたい」と、漆に蒔絵（まきえ）をほどこした蒔絵万年筆づくりを始めたパイロット。一九二六年に、蒔絵の最高権威であり、のちに人間国宝となる松田権六氏も入社し、三〇年にはアルフレッド・ダンヒル社とも契約を締結。「ダンヒル・ナミキ万年筆」として、ロンドン、パリ、ニューヨークで大々的に売り出されるようになります。

幾重にも漆を塗り重ね、金粉を蒔き、木炭で研ぎ上げる……。一三〇もの工程を経てうまれる蒔絵万年筆は「Namiki」と名付けられ、今も、世界各国で高い評価を受け続けています。

また、フラッグシップモデルとなる「カスタム」は、その名の通り、書く人のさまざまな注文に応える（注文品＝カスタム）ためにつくられた万年筆です。日本語を書くことにこだわり抜いたペン先は、しなりを生む金と、人の手で内側まで一本一本磨き上げた一五種のペンポイントで、アルファベットにはないトメ、ハネ、ハライのニュアンスを豊かに表現します。

この他、世界初のキャップのない万年筆「キャップレス」や、ペン先の弾力を硬くも軟らかくも自由に調整でき、好みの書き味を楽しめる「ジャスタス95」、漆の手触りにベージュと白の淡い色合いが華やかな「レディホワイト」といった、個性的な商品の数々の開発。

その一方で、〝マイ・ファースト万年筆〟と銘打った「カクノ」は、子供も持ちやすい六角形軸にペン先に笑顔のマーク入りで、気軽に使える一〇〇〇円という価格ながら、グッドデザイン賞を受賞するほどのクオリティです。

「カクノ」に加え、第二章でもご紹介した全二四色のインクシリーズ「iroshizuku- 色彩雫」は、万年筆ユーザーのすそ野を広げた商品として、大きな注目を集めました。

硬軟取りそろえ、低価格品から高級品まで——。創立から一〇〇年を経た現在においても、パイロットは老若男女、あらゆる日本人に向けて、書くことの楽しさ、万年筆の豊かさを発信し続けているのです。

職人技で勝負する──「セーラー」

セーラーは、日本初の万年筆メーカーです。

その始まりは日露戦争が終わった一九〇五年のことでした。戦場から戻って来た二二歳の青年・阪田久五郎は、英国に留学していた友人から土産をもらいます。それは、一本の万年筆でした。

久五郎青年は、兄が文具工場を経営していたこともあり、この万年筆に心を奪われます。そして自ら万年筆をつくろうと決意し、一九一一年、海軍の街、広島県呉市に阪田製作所を創設し、日本初の一四金ペンの製造に着手しました。この小さな工房が、のちに「セーラー万年筆株式会社」へと大成長を遂げることになります。

セーラーの製品について語る時、一番のキーワードは「職人」、そして「挑戦」と言っていいでしょう。

日本の万年筆メーカーの中で初めて一四金ペン先を製造、一九四九年にはプラスチック射出成形機を初めて取り入れ、一九五四年にカートリッジを開発。(少々、脱線しますが、ボールペン［一九四八年］、ふでペン［一九七二年］の国内初の販売もセーラーです)。手作業にこだわり、職人的な技を向上させることで製品に磨きをかけてきたのが、この会社だったのです。

その最も分かりやすい例が、「ペン先の神様」とも呼ばれる名工・長原宣義氏を頂点とした、練達の職人たちがつくり出す「オリジナルペン先」でしょう。

これは世界に類がないペン先で、その数は、なんと一四種類。大きめのペンポイントを長刀(なぎなた)の刃形のように長く研ぎ出し、ペンの持つ角度によって文字の太さが変わるようにした「長刀」シリーズや、ペン先の上にもう一枚、先端部を折り曲げた細長い板（セーラーはこれを「巻きペン先」と呼んでいます）をかぶせてインク供給を安定させた「エンペラー」シリーズ。ユニークな加工が施され、毛筆のような筆跡を残せる「特殊ペン」シリーズなど、書き味も形状もさまざまです。

この「オリジナルペン先」は、主に受注生産で、完成までに数ヵ月を要するもの。長原宣義氏の他界後（二〇一五年）は、一時期、製品の受注を停止していましたが、宣義氏の子息である長原幸夫氏率いる職人チームの尽力により、二〇一八年に一部製品の出荷を再開しました。

総じてセーラーは、ペン先へのこだわりが強いメーカーですが、世界で唯一、二一金のペン先を製造しているというのも、その現れだと言えるでしょう。フラッグシップモデルである「プロフィット」「プロフェッショナルギア」の主力製品には、この二一金のペン先がついています。

職人の技能が支えているセーラーの製品ですが、個人の「技」が活かされているのは、製作工程だけではありません。

第三章で触れた司法試験受験者用の万年筆「プロフィットFL」（一二三頁）は、当時、セーラーで製品開発に携わっていた川口明弘氏の発想により、受験者の意見を集めたうえで低重心に設計されたものです。また、同社のインクブレンダー、石丸治氏は、来場者の好みの色のインクをつくり上げるイベント「インク工房」を各地で開催。セーラーはそのイベントで培ったノウハウをもとに、一〇〇色からなるインクシリーズ「インク工房」を開発しています。

個人の技と発想こそが、セーラーの生産技術、開発力を支えていると言っても、けっして過言ではないのです。

温故知新とチャレンジ精神――「プラチナ」

プラチナの歴史は、とてもユニークです。

岡山県で輸入万年筆の販売を営んでいた中田俊一氏が、一九二四年、東京の上野で中屋製作所を創業したのがプラチナの始まりですが、昭和にさしかかろうとしていたこの時代、既存の万年筆のメーカーはいくつもありました。つまり、先行メーカーの後塵を拝していたわけですが、そこで中田氏が考えたのは、カタログ販売という手法でした。

ネットショッピングが当たり前となった今では珍しくはないのですが、当時としては、これは画期的な販売戦術で、大成功を収めます。そして、事業を軌道に乗せた中屋製作所は、一九四二年、社名を「プラチナ萬年筆株式会社」とし、一九五七年には、世界で初めてカートリッジ式万年筆を製造販売。先行メーカーに勝るとも劣らない地位を確立したのです。

一九七八年には名品の呼び声が高い、「#３７７６」を発売。これは作家で万年筆コレクターの故・梅田晴夫氏を中心としたグループが「理想の万年筆」を目指し、梅田氏が所有する一〇〇〇本の万年筆を分析したうえ、ペン芯、ペン先、胴軸などあらゆるパーツを検証し、徹底した試行錯誤を行った末に開発したもので、完成時、日本一高い山、富士山の標高（三七七六メートル）が、その名につけられました。

長らくこのメーカーの代名詞的存在だった「#3776」を、プラチナは五年の歳月をかけて刷新、二〇一一年に「#3776センチュリー」を発表しましたが、その際、おもしろい試みを見せています。

「#3776センチュリー」には、「#3776」の良さを活かしただけではなく、完全気密キャップをつくり出し、搭載したのです。特許を取得したこの「スリップシール機構」は、通常、三～六ヵ月使わないと乾燥して書けなくなるインクの水分揮発を抑え、二年間も乾燥を防ぎ、顔料インクにも安心という画期的な機構です。また、このシリーズには、セルロイドという昔ながらの素材を使用したアイテムがあるのですが、半年をかけてこの素材を成形しています（セルロイド製のモデルにはスリップシール機構は搭載されていません）。

この、温故知新的精神とチャレンジ精神が融合する社風は、他にもあちこちで見られます。

たとえばインク。昔ながらの古典インクを、今でも製造している日本で唯一のメーカーでありながら、同時に顔料カーボンという超微粒子を使用した新しいタイプのインクも開発しています。

また、二〇〇七年に発表された二一〇円（当時）の万年筆「プレピー」は、累計販売一〇〇〇万本を突破し、現在も根強い人気を誇っています。この万年筆は、低価格万年筆の先駆けであり、新たな万年筆ユーザーを確実に増やしました。

一方で一九九九年、自社の工場で四〇年以上働いてきた職人たちによって結成された手作り万年筆の製作集団に出資し、子会社としています。その名は「中屋万年筆」——これは、プラチナの創業当時の会社名からとったものです。ちなみに、開設当時、この子会社がとった販売戦術は、ウェブ販売——つまりは、プラチナが成長するきっかけとなった通信販売の現代版でした。ここにも、プラチナの温故知新の精神が垣間見えます。

古きよきものを尊重し、新たなものにも挑戦するプラチナは、昔から万年筆を愛用している人々も、万年筆を初めて持つ人々も、ともに引きつけます。創設時と同様、今でもユニークなメーカーだと言えそうです。

万年筆界の王様——「パーカー」

いよいよ海外のメーカーに話を移しますが、最初に紹介すべきは、やはりパーカーということになるでしょう。万年筆のことを知らない人でも、あの、矢羽形のクリップを見たことがある人は少なくないはずです。

パーカーは、創業者ジョージ・サッフォード・パーカーが、一八八八年にアメリカで立ち上げた高級筆記具ブランドで、二〇一八年に設立一三〇周年を迎えています。

その長い歴史の中、いくつもの名品を生み出してきましたが、最初に挙げなければならないのは、やはり「デュオフォールド」でしょう。マッカーサーが、太平洋戦争終戦時、日本降伏の調印式で使用したことでも知られるこの万年筆は、万年筆の歴史に登場した最初のスターだと言えます。

第三章でも紹介したとおり、「デュオフォールド」が誕生したのは一九二一年。インクをたっぷりと貯蔵できるよう太めになっている胴体を、鮮やかなオレンジでつくり上げたこの万年筆は、その実用性の高さと斬新なカラーリングで世界中の人々を魅了し、現在も「ビッグレッド」という愛称で知られています。

また、「パーカー51」も、名品として挙げなければならない一本です。

創業五一年にあたる一九三九年から開発が始まり、一九四一年に発売されたこの万年筆は、ペン先の大部分が首軸に隠れている、いわゆる「フーデッドニブ」（〝ニブ〟とはペン先の呼び名のひとつ）となっており、全体のシルエットが美しい流線型にまとめられています。万年筆愛好家には、この「パーカー51」を「万年筆史上の最高傑作」と呼ぶ方がかなりの数、いらっしゃいます。

パーカー初のカートリッジ式万年筆「パーカー45」（一九六〇年発売）や長寿モデルとなった「パーカー75」（一九六四年発売）は、手ごろな価格設定で人気商品となりました。特に「パーカー75」は世界的に大ヒットしましたが、日本も例外ではなく、もし、今、日本で「刀狩り」ならぬ「万年筆狩り」を行い、全国の家庭の机の中に眠っている万年筆をかき集めるとするならば、おそらく、「パーカー75」が一番、多いのではないでしょうか。

そして、パーカーは英国王室御用達ブランドでもあります。

一九八六年、英国資本が入ったことにより、本部をイギリスに移したパーカーですが、その一番の特徴は、長い歴史の中で培ってきたクラシカルなデザインだと言えるでしょう。しかも、伝統をいい形で守りながらも、新たな意匠も加えることで現代にあった形にしているのです。また、書き味にしても、昔から一定のクオリティを維持し続けています。

商品のバリエーション、価格帯が広いのもパーカーの特徴のひとつ。フォーマルなものからカジュアルなものまで、幅広いユーザーを獲得しています。たとえば、一九九三年に発売され、世界中で大ヒットした「ソネット」は、「パーカー75」のシズレパターン（格子模様）を継承したものですが、デザインにバリエーションがあり、小型で持ちやすいうえ、書き味もよく、性別を問わず人気の商品となっています。

輝かしい歴史と実績を誇り、今もなおクオリティを維持し続け、世界中の万年筆ユーザーを魅了する――もし、万年筆の世界に王様が存在するとするならば、それは間違いなくパーカーでしょう。

洗練されたフレンチエレガンス――「ウォーターマン」

ウォーターマンの歴史は、二つの時代に分けられます。その第一期は、アメリカを舞台に「万年筆の祖」として隆盛を誇った時期になります。

一八八三年に毛細管現象を利用した万年筆「ザ・レギュラー」を開発したルイス・エドソン・ウォーターマンは、翌年、ウォーターマンの前身となる会社を設立します。そして、その後も開発意欲を失うことなく、インク漏れの防止システムなどを発明し、一九〇〇年には、パリ万国博覧会で金賞を受賞しました。

一九〇一年、ルイス・エドソン・ウォーターマンはこの世を去りますが、その後も世界で初めてクリップ付きのキャップを発表するなど画期的な開発を続け、世界の万年筆業界を牽引していきます。

しかし、時代が進むにつれアメリカの社会構造が変わり、「ロアリング・トゥエンティーズ」（狂乱の二〇年代）の大衆消費社会の時代に入ると、ウォーターマンは時代の波に乗れず、次第に衰退していきます。

この危機を救ったのが、一九二六年、フランスに設立されたJif-WATERMAN社で、アメリカ本社にあった経営のイニシアティブを徐々に握り、フランスでの万年筆製造に着手します。これがウォーターマンの歴史の第二期の始まりとなります。

フランスに拠点を移してからの製品は、次第に芸術・ファッションの国、フランスのテイストを帯りません。

びていきますが、このデザイン路線が本格的に開花するには、一九六〇年代後半まで待たなければな

一九六七年、フランスのナントに工場を設立し、生産体制を固めます。そして一九六九年になると、フランシーン・ゴメスがCEOに就任。ゴメスは、インダストリアルデザイナー、アラン・カレを専属デザイナーに迎え、万年筆のデザインを刷新し、これを機にウォーターマンは、エレガントで洗練された万年筆をつくるブランドとして完全に生まれ変わったのです。

たとえば、一九九七年に発売された「カレン」は、海面をすべり行く船の舳先をイメージしてデザインしていますが、その言葉どおりに、ペン先と首軸を柔らかで繊細なカーブで一体化させたそのシルエットは、流線型の万年筆は数あれど、これほど流麗なものは他にはないと言っていいくらいに見事です。この美しさに加え、筆圧の強さに負けない安定感もあることから、性別を問わず人気の商品となっています。

ウォーターマンの万年筆は、現在もナントの工場で製作されており、その品質は、パーカーと比べても、まったく遜色はありません。

ともにアメリカで誕生した老舗であり、本拠地をアメリカの外に移したパーカーとウォーターマンですが、どちらの万年筆も質とデザインのバランスがうまい具合にとれています。デザインが先行して書き味が損なわれているとか、書き味を尊重しすぎてデザインがつまらなくなっているといったこ

ともありません。

個人的には、洗練されたデザイン、エレガントな万年筆を求めるのであれば、ウォーターマンは間違いないと思っています。

〝最高峰〟を極めたブランド――「モンブラン」

かつて、国産の高級車のCMで「いつかは」乗ってみたいというコピーがありましたが、モンブランの万年筆を「いつかは」持ってみたいと思っている人は多いはずです。

創業は一九〇六年。「モンブラン」とは、フランスとイタリアの国境に横たわるアルプスの最高峰の名前であり、この言葉自体はフランス語ですが、創業者はドイツの文具商、銀行家、エンジニアの三名で、その名の通り「最高峰」の万年筆を目指して名づけられました。キャップトップに冠された有名な白のシンボルマークも、雪に覆われたモンブランの山頂をイメージしてつくられています。その代表作は、やはり「マイスターシュテュック」（ドイツ語で〝傑作〟の意）でしょう。

一九二四年生まれのこの万年筆は、品質の高さから、「傑作」という名が単なる自画自賛ではないことを人々に知らしめ、大ヒットを記録。その後、シリーズ化され、戦後に入って黄金期を迎えます。一九五二年、「万年筆の中の万年筆」「万年筆の最高傑作」と名高い「マイスターシュテュック149」が登場。ここにおいて、モンブラン社は文字通り「最高峰」を極め、最高品質＝モンブラン社というイメージを確固たるものとします。

しかし、現在、「モンブラン」の名で販売されている万年筆は、その頃のテイストとは少々、違うものになっています。品質が高いことは高いのですが、単なる万年筆、単なる筆記具とは呼べないものになりつつあるのです。

それが始まったのは、一九七〇年代から八〇年代にかけてのことでした。

この時期は万年筆にとって、いわば「暗黒の時代」で、大量生産されたボールペンが売り上げを伸ばし、万年筆はそれに反比例するかのようにユーザーの数を減らしていきます。

世界各地の万年筆メーカーが危機的な状況を迎えた頃、モンブラン社も例外ではありませんでした。高級ファッションブランド、ダンヒルに買収され、一九九三年には、そのダンヒルがヴァンドーム・ラグジュアリー・グループに買われ、その後、このグループがスイス企業グループ、リシュモンの傘下となります。

このリシュモンは、ダンヒルの他にもカルティエやラルフ・ローレンといった一流ブランドを擁しており、ここにおいて「モンブラン」は、万年筆メーカーから腕時計、フレグランス、革製品をも販売する総合ブランドとして、ステイタスシンボルとなる筆記具を販売するようになります。

かつて「マイスターシュテュック」は高品質ということで、万年筆ファンから評価されていましたが、今は高品質ということだけでなく、ブランドイメージを支える力も持たなければならなくなりました。特にデザイン、外装に関しては顕著で、宝石や貴金属を用いたデザインが増えています。

ウォーターマンの万年筆もまた、デザインに優れ、エレガントで洗練された外装で有名ですが、ウォーターマンの場合、万年筆、あるいは筆記具という枠の中で、そのデザイン感覚に磨きをかけてきました。一方、今のモンブランは違います。リシュモングループならではの宝飾品加工のノウハウを利用して、万年筆の外装をつくれるのです。これは、他の万年筆メーカーには真似できることではありません。

「筆記具」という枠組を大きく超えたモンブランは、まさに「最高峰」のブランドといえるのかもしれません。

技術はディテールに宿る――「ペリカン」

ドイツ生まれの老舗メーカー、ペリカン社の創業は一八三八年。もともとは絵具工房であり、しばらくのあいだ、インクメーカーとして名を馳せます。初の万年筆を発表したのは一九二九年のことで、そのピストン型の吸入機構が高く評価されました。今もなお、ピストン機構は同社の十八番的な技術となっています。

そして、一九五〇年、フラッグシップモデル「スーベレーン」の原型となる#400が誕生、押しも押されもせぬ万年筆メーカーとなったのです。

ペリカン社の万年筆は、どれもみなトラディショナルなデザインで、一目見て、それと分かる存在感があります。「スーベレーン」の縦縞模様は美しく落ち着きがありますし、「デモンストレーター」（通称「ペリスケ」）のようなスケルトンモデルであっても、フォーマルなシルエットを保っています。

しかし、デザイン以上にその本領は、技術力にあると言えるでしょう。つくりは非常にシンプルですが、ディテールに細かな技術が詰まっているからです。

たとえばペン先ユニットは、珍しいことにペン先、ペン芯とソケット（ペン先、ペン芯を固定するネジ部）のたった三点だけ。それが首軸に取りつけられているのですが、普通であればインク漏れを防ぐために、別パーツを加えるなり、シリコンを塗るなどシール加工をするのです。けれども、ペリカン社の製品は、三点のパーツだけでもインク漏れを起こしません。そういった精密なつくりがどのパーツでも見られ、本当に「見事」としか言いようがないのです。

事実、ペリカン社の製品には、故障はほとんどなく、インクの流れないペン芯というものを私は見たことがないのですが、さらに凄いのは、アフターケア、メンテナンスの面でも手を抜くことなく、パーツづくりへのこだわりを見せていることです。

通常、万年筆メーカーには修理価格表というものがあり、部品交換をする場合の料金がパーツごとに記されているのですが、他のメーカーの場合、だいたい、ペン先、首軸、胴軸、キャップといった具合に、少ない場合だと三点、多くて六点程度となっています。けれども、ペリカン社の場合は、なんと一八点もあり、キャップだけでもキャップ完成品、キャップ軸、キャップ中軸、天冠、クリップと五種類もあるのです。

これは、たとえ故障、ダメージが生じたとしても、よほどのことでないかぎりは、確実に修理できることを意味しています。一本の万年筆と長くつきあいたいと思っている方にとって、まさに理想のメーカーなのです。

ペリカン社の製品は、日本では非常に人気があります。価格にしても高すぎもせず、安すぎもしないリーズナブルなもので、そのうえ安心して使えるというのが、その理由なのでしょう。

機能美の追求――「ラミー」

これまで本書の中でもたびたび登場した「サファリ」は、一九八〇年に発売され、それまでフォーマルな形が当たり前だった万年筆の世界に、カジュアルなデザインを持ち込んだ画期的な製品として、広く知られています。

この「サファリ」を生み出したラミー社の創業は一九三〇年。ドイツのハイデルベルクに家族経営の企業として誕生しましたが、本格的に始動するのは一九五二年から。万年筆メーカーとしては後発企業に属しています。

しかし、一九六六年、「ラミー２０００」の発売とともに、その地位を一気に浮上させます。ペン先を首軸で覆ったうえ、胴軸にかけてスリムな流線型でまとめたシルエットや、世界で初めてのステンレス無垢材を用いたスプリング入りクリップなど、その斬新な発想で、デザイン感覚に優れた万年筆メーカーとして、その名を世界中に知らしめたのです。

ラミー社の製作理念は"Form follows function"(形は機能に従う)——アメリカ建築の三大巨匠のひとりであり、ドイツの総合的造形教育機関バウハウスにも影響を与えたルイス・サリヴァンの言葉を掲げています。無駄なものを省き、人間工学などの知見を基に、徹底的に機能を追求することで形を美しくしていくというのが、そのスタイル。事実、「ラミー2000」の斬新なデザインは、バウハウスの流れをくむインダストリアルデザイナー、ゲルト・アルフレッド・ミュラーの手によるものでした。

「ラミー2000」の登場以来、この製作理念を貫くため、社外のデザイナーとのジョイントプロジェクトを継続して行っています。カタログには、製品とともにデザイナーの名前が刻まれていることが特徴になっていますが、著名なインダストリアルデザイナーが何人も並んでおり、その中には、日本のプロダクトデザイナー、深澤直人氏の名前もあります。このような外部デザイナーとの協働作業が常態となっている万年筆メーカーは、他に類を見ません。

カジュアルな「サファリ」が大ヒットしたこともあり、ラミー=事務用筆記具と思っている人もいるようですが、高級ラインも製造しています。そもそも、協働したデザイナーの数だけ製品があるわけですから品ぞろえも豊富で、いずれもが個性的。書き味も良く、デザイン先行に陥ることなく、品質も安定しています。まさに、万年筆選びをする誰もが心を躍らせることができるメーカーといえます。

伯爵家の貫禄——「ファーバーカステル」

現存するなかで世界最古の筆記具メーカーにして名門伯爵家が運営するファーバーカステル社。一七六一年に鉛筆の製造を始めて以来、二五〇年以上ものあいだ、代々、同族経営で筆記具をつくり続け、現在、九代目にまで至っています。今ある鉛筆の形、つまり六角形の断面や長さや太さ、芯の硬度の基準は、この名門メーカーが定めたものです。

「世界最古」にして「伯爵家」のメーカーがつくる筆記具ですから、ヨーロッパでのブランド力は相当なものです。一九九三年、ファーバーカステルは、「ファーバーカステル伯爵コレクション」というラインを立ち上げ、現在、高級品製造を展開しています。

さて、長い歴史を持つファーバーカステルですが、万年筆に参入したのは、それほど昔のことではありません。

ただ、さすが名門老舗メーカーだけあって、長い歴史の中で培ってきた筆記具づくりのノウハウ、技術にはかなりのものがあります。そして、それを惜しげもなく万年筆づくりにもつぎ込んでいるのが、ファーバーカステル社の凄さだと言えるでしょう。特に外装に関しては、そのクオリティたるや驚異的なレベルです。

もともとは鉛筆メーカーだけあって、木材と金属を組み合わせた、鉛筆を彷彿とさせるデザインの製品が多いのですが、木材にしても質の高いものを使っており、加工も非常に丁寧です。「ファーバーカステル伯爵コレクション」のひとつ、「クラシックコレクション」シリーズになると、木材には楽器や寄木細工に使われるマカサウッド、弦楽器の弓に使用するペルナンブコなど、高級品ならではの粋を楽しめます。

また、金属加工の技術も相当で、ニブ加工、プラチナコーティングなどは、実にお見事、日本ではちょっと真似ができないのではないでしょうか。

さらにいえば、そのボディに、リブ（縦筋模様）、ギロシェ（波縞模様）が細かく刻まれているものが多いのですが、これらはみな、ひとつひとつ針状のカッターを使って彫られています。

このようなクラシカルなものづくりで、製品の隅々までもが繊細につくられているファーバーカステル社の万年筆ですが、それ以上に、ユーザーのライフスタイルにあうよう、多様な製品をつくっているのも、この老舗メーカーの素晴らしいところかもしれません。

たとえば、「ギロシェ」シリーズは、先ほど説明したとおり、そのボディにギロシェを刻んだ製品なのですが、一〇色以上もの種類があり、その色の展開が非常に美しいのです。実際に並べて陳列すると、その一角だけが華やかな雰囲気に包まれ、女性客が集まってきます。

伝統の技術にとことんこだわりながらも、ユーザーへの目配りもけっして欠かさない――老舗筆記具メーカーの懐の深さを思い知らされます。

プロダクトデザインの雄――「ポルシェデザイン」

誰もが知っているドイツの名門自動車メーカー、ポルシェ。その創立者の孫にして、名車ポルシェ911のデザイナーであるフェルディナンド・アレキサンダー・ポルシェ氏が一九七二年に設立したのがポルシェデザイン社です。

この会社は、純粋な万年筆メーカーではありません。衣服、時計、筆記具、アクセサリーなどのプロダクトデザイン集団であって、万年筆はそういった商品のうちのひとつ。しかし、ポルシェデザイン社の名を冠しただけあり、デザインだけが先行しているということはなく、しっかりとした品質が伴ったものとなっています。というのも、かつては、ファーバーカステル社、現在はペリカン社と提携を結び、製造と販売を依頼している……つまり、両社の協力により、万年筆づくりのノウハウを得たうえで、デザインの腕をふるっているからなのです。そこに、名門自動車メーカーにふさわしく、自動車の部品や加工技術を導入することで、万年筆の常識を覆すデザインや仕掛けを施し、それがこの集団の最大の特徴になっています。

たとえば、「P'3110」という商品には、テックフレックスという素材が用いられていますが、これは、〇・二二ミリのステンレスワイヤーを二〇本、編み込んだもので、ポルシェのエンジンルームの電気系統を熱から保護するために開発された素材です。これを胴軸に用いることで、ハイテクな感覚に溢れ、握り心地もいい万年筆をつくりだしています。少し脱線しますが、「P'3120」というボールペンは、アルミニウム製で、グリップに指を置けるような窪みがあるのですが、これは自動車製造で用いられている放電加工を利用してつくられたものです。

このように、ポルシェデザインの万年筆には、他のメーカーには真似ができない技術が使われています。ポルシェファンにはもちろんのことですが、新しもの好きやデザインにこだわる人であれば、一度は握ってみたい万年筆です。

金属を〝美〟にする――「エス・テー・デュポン」

ポルシェデザインは、万年筆製造に自動車加工技術を導入した集団ですが、エス・テー・デュポンは、ライターの金属加工技術を万年筆づくりに全面的に活かしています。

一八七二年、フランスで高級皮革製品の工房としてスタート。一九四一年よりライターの生産を開始し、そのクオリティとデザイン性の高さで、高級ライターのメーカーとしても世界的に知られるようになりました。そして、優れた技術を活かし、一九六〇年代からは筆記具の製造にも乗り出していきます。

万年筆はすべてが高級ラインで、装飾性、デザイン性が高いのはもちろんなのですが、ペン先も自社でつくっており、筆記具としても非常にクオリティの高いものとなっています。つまりは、デザイン的にも質的にも非の打ちどころがないわけですが、これを可能にしているのが、創業以来、長い時間をかけて培ってきた金属加工技術なのです。

エス・テー・デュポンの万年筆の一番の特徴は、金属製であること。そして、そのいずれもが洗練された形状に仕上げられており、寸分の狂いもないような精度には、息を呑むような美しさがあります。装飾にしても非常に繊細で、研磨、メッキのいずれの作業も完璧と言っていいほどです。一本の万年筆をつくり上げるのに一五〇以上の製作工程を踏み、二ヵ月から三ヵ月の期間をかけると言われていますが、実際に製品を見れば、言葉に偽りがないことが、すぐに納得できるはずです。

ちなみに、その金属加工の凄さは耳でも感じられるものです。

エス・テー・デュポンのライターは開閉する時、「ピーン」という独特の金属音がすることで有名ですが、万年筆もまた、キャップのつけ外しの際、小気味よい金属音がします。つまり、キャップと胴軸の嵌合部が、絶妙な加減でつくられているのです。

視覚、触覚だけでなく、聴覚までも刺激する独自の金属加工技術は、万年筆業界でも一、二位を争うものでしょう。

また万年筆に限らず、漆の塗装においても製品は高く評価されており、その技術力は、一九三五年から現在まで続いています。

たとえば、漆を用いた万年筆として有名な「アトリエ ラインD」。漆と金属素材との絶妙なコントラスト美でファンを虜にした製品の数々は、職人が何層にも漆を塗る中で、その厚みを正確にそろえていくという、気の遠くなるような作業によってつくられています。

ライターが有名なこともあり、男性向けのイメージが強いメーカーですが、現在、女性の感性にも響くデザインの万年筆を多く展開しています。むしろ女性であるからこそ共感できる美しさ、繊細さが、エス・テー・デュポンの万年筆にはあるはずです。ぜひとも一度、手に取ってみていただければと思います。

精緻にして色鮮やか――「カランダッシュ」

このスイス最大の筆記具メーカーは、一九一五年、その歴史を国内初の鉛筆工場としてスタートさせました。そして、一九二四年に、鉛筆を意味するロシア語「カランダッシュ」を社名とします。

鉛筆製造を原点にしながら、一九三一年には、世界初の水溶性色鉛筆、一九三〇年には同社を代表する「エクリドール」シリーズの最初の一本であるメカニカルペン（シャープペンシル）を発表し、一九五三年には、この「エクリドール」シリーズにボールペンが加わります。

こうして筆記具メーカーとして着実にアイテムを増やしていったカランダッシュ社が、最初の万年筆を発表したのは一九七〇年のこと。代表作ともいえる「エクリドール」シリーズに万年筆が加わるのは一九九九年で、つまりは、万年筆メーカーとしては後発企業に属していると言えます。実際、「カランダッシュといえば、ボールペン」と思っている文房具ファンは多いのですが（一九六九年に発売された「849」というボールペンは、いまだに根強い人気を誇っています）、徐々に、万年筆のファンが増えているところです。

カランダッシュ社の凄さは、まず金属加工、メッキと彫りにあり、そのクオリティは、エス・テー・デュポンに勝るとも劣らないものがあります。

たとえば代表シリーズである「エクリドール」は、シルバープレート（銀メッキ）にパラジウムコート、あるいはゴールドプレートの金属軸のペンで、メッキ作業が完璧です。さらに、このシリーズはアイテムごとに異なる模様が細かく彫られていて、精密機器に強いスイスならではの精度と美しさを味わえます。

これはカランダッシュ社にかぎらず、モンブラン、ファーバーカステル社などにも共通して言えることですが、概してヨーロッパの万年筆メーカーの装飾技術、宝飾彫金の技術は、日本の技術を凌駕しています。真に繊細で精密なものを求める場合は、均一性を求める日本的な技術よりも、ハンドメイドであることに重きを置き、一個一個に質と個性を求めるヨーロッパ的な技術のほうが、どうやらといえます。

カランダッシュ社に話を戻しますと、豊かな色彩センスがあることも、この筆記具メーカーの強みといえます。

たとえば二〇一七年、先ほど名前を挙げたボールペン「849」と同じラインの万年筆が発売されましたが、七色から成るこのシリーズは、ポップな色彩で人気があります。

また、「レマン」というシリーズは「レマン湖」をテーマに、「湖に映った色とりどりの風景を表現する」というコンセプトでデザイン。世界で最初の水溶性色鉛筆をつくっているメーカーならではの、豊かな色彩感覚に目を惹かれます。ちなみにカランダッシュ社の筆記具は、鉛筆製造を原点にしているメーカーだけあり、断面が六角形のものが圧倒的多数を占めているのですが、この「レマン」シリーズは例外的存在で、断面が円形になっています。

この他、使用している素材がユニークなのも、カランダッシュ社のおもしろいところです。

たとえば定番となっているシリーズに「バリアス」（Varius）があります。Variusとは「多様な」という意味のラテン語で、その名のとおり、レザー、エボニー、天然ゴム、カーボンファイバー、ステンレススチールなど、ボディにいろいろな素材を使っています。

カランダッシュ社、エス・テー・デュポンには、欧州で根強い愛好者がいます。

日本と違い、貴族文化の土壌があるヨーロッパには、真の意味で「良家の資産家」と呼べる人たちがいますが、本物の上流階級の人々は、ステイタスシンボルとなるようなブランド品よりも純粋に、「いいもの」「本物」だけを求めます。この二社は、まさにそういった人たちの目に適ったものづくりをしているメーカーなのです。

機能とデザインの調和──「アウロラ」

イタリア初の万年筆メーカー、アウロラ社は、一九一九年、イタリア北部トリノに誕生しました。世界では数少ない、いわゆる万年筆業界の「マニュファクチュール」のひとつ──つまりは、万年筆の一貫生産を行っているメーカーで、トリノの工場で、ボディはもちろんのこと、ペン先も製造しており、イタリアではしっかりとしたつくりで定評があります。

イタリアの老舗として、当然、デザイン面でも高い評価を得ているアウロラ社ですが、中でも「アウロロイド」を使った製品は世界的にも有名で、多くのファンがいます。

アウロロイドとは、アウロラ社が独自に配合したオリジナルの樹脂で、これを棒状に加工したものをペンの形状に削り出してから中味をくり抜いて、キャップや胴軸を製造しています。深みがありながらも色鮮やかなマーブル模様が美しく、この素材を使った「オプティマ」は社を代表するシリーズとなっています。

「88（オタントット）」シリーズもまた、その名を高めた代表作のひとつです。

このシリーズは、一九四七年に発売され、一〇〇万本以上の売り上げを誇った同名商品をモデルにしてつくられていますが、このモデルをデザインしたのはオリベッティ社初のインダストリアルデザイナーとしても名高いマルチェロ・ニッツォーリ。クラシカルで、微妙な丸みのあるシルエットに、独特の色気があります。

このマルチェロ・ニッツォーリをはじめ、アウロラ社はその歴史の中で、著名なデザイナーとの協働をたびたび行っていますが、その中には、イタリア工業デザイン界の有名な賞、コンパッソ・ドーロ賞を五度も受賞しているマルコ・ザヌーソによるものもあります。その作品「アスティル」は、一九七〇年、筆記具では初めてニューヨーク近代美術館（MoMA）のコレクションとなりました。現在でもMoMAのコレクションとなっている万年筆は、このアウロラ社の作品一点のみです。

イタリアデザイン界の風雲児――「ヴィスコンティ」

イタリア万年筆界の中で、アウロラ社のデザインをオーソドックス、フォーマルと表現するならば、ヴィスコンティ社は、「斬新」という言葉がぴったりの万年筆メーカーです。

ヴィスコンティ社は、歴史のある企業が多い万年筆業界の中でも「若い」メーカーのひとつで、一九八八年、フィレンツェに誕生しました。創業者のひとり、ダンテ・デル・ベッキオは万年筆収集家であり、一九二〇年代から五〇年代の〝黄金時代にあった万年筆の再現〟を、企業理念として掲げています。

しかしながら、ヴィスコンティ社は、単に、いにしえの万年筆のデザインを復活させるだけのメーカーではありません。古きスタイルに新しいもの、ユニークな発想を投入することで、これまでにはなかった万年筆のスター性というものを創造していることこそ、このメーカーの最大の特徴と言えるでしょう。その試みは、時として冒険的でさえあります。

たとえば、かつての万年筆ボディの主要素材であったセルロイドを活かした商品があります。「ホモ サピエンス デモ ブロンズ スワール」であればセルロイドにポリカーボネートを配分した素材、「ホモ サピエンス キャンティシャーレ」ではセルロイドとアクリルを融合したアクリロイドによって、そのボディを製造しているのです。

また、第三章でもふれたように、「ホモ サピエンス ブロンズ」では、オーソドックスなシルエットをつくるために、溶岩という今まで万年筆では使われていなかった素材を使用しました。他社が真似しないような意匠をこらすことで、ヴィスコンティ社の製品は、クラシカルな趣を持ちながらも、斬新さが光るデザインとなっているのです。

また、ストーリー性が豊かなことも、注目したいところです。

ヴィスコンティ社には、レンブラント、ダリなど、有名な画家をモチーフにした万年筆シリーズがありますが、第三章でもふれた「ファン・ゴッホ」というシリーズは、その代表のひとつで、ナチュラルレジンを使用して表現されたゴッホの鮮やかな色使いが、幅広い層から高い支持を受けています。また首軸部分が金属になっていて、重心が前寄りにあり、書いていて安定感があるのも、このシリーズの魅力となっています。

まだ歴史の浅いメーカーですが、それだけに、これからの万年筆づくりにどのような新風を吹き込んでくれるのかが楽しみです。

筆記具の宝石——「モンテグラッパ」

イタリアで初めて万年筆を製造したことで知られているモンテグラッパ社。

この老舗会社は、昔から高級万年筆メーカーとして名高く、一時期、モンブランと同じリシュモングループの傘下にありました。現在は、数々の有名筆記具ブランドを従えるアキュラグループの傘下として、万年筆製造を続けています。

創立は一九一二年。創業地であるイタリア北東部の町、バッサーノ・デル・グラッパは、中世の時代、陶磁器や銅製品、金属板を利用した装飾紙の生産が盛んな、職人の町として名を馳せていたそうです。

モンテグラッパ社といえば、セルロイドのボディと銀の装飾を絶妙に組み合わせた万年筆づくりが有名です。銀の白い輝きと、セルロイドの透明感のある鮮やかな色彩のコントラストが実に見事なのです。使用しているセルロイドは生成に約一八ヵ月も要する特別なもので、光の質や当たる角度によって、色合いや模様が微妙に変化します。鮮やかながらも、そのしっとりとした質感が絶妙で、落ち着いた温かい雰囲気があるのです。

また、銀の装飾も非常に手が込んでおり、高い精度を見せています。銀は空気に触れると変色し、微妙に黒ずんでいきますが、それがセルロイドの質感とあいまって、独特の趣を持つようになっていく――。

モンテグラッパ社の製品は、「ライティング・ジュエル」（筆記具の宝石）と表現されていますが、その言葉に偽りはありません。

この美しさに魅了された人は数多く、愛好者にヘミングウェイ、ジョルジオ・アルマーニ、ポール・スミスなど、一流の文化人がいることもよく知られています。

イタリア万年筆の美の神髄を味わえるモンテグラッパ社の万年筆。その美は非常に繊細につくられています。もし、実際に手にするのであれば、丁寧に扱ってください。

＊

世界の万年筆メーカーの地図づくりは、これで終わりです。

ここまで見てきたメーカーの数は、けっして多いものではありませんが、万年筆が持つ世界の広さと、奥の深さが、お分かりいただけたかと思います。

でも、これはあくまで地図であって、実際に旅をするのはみなさんです。自分の目と手、そして時には耳も使って、いろいろな万年筆に出会っていただければと思います。

自分のお気に入りとなるような二本目、三本目の万年筆を探す旅に、この地図がほんの少しでもお役に立てれば、幸いです。

銀座 伊東屋 G. Itoya
３階「高級筆記具」売り場と
ペンケアルーム

年譜◉万年筆の200年史

万年筆前史			世の中の出来事
1761年	ファーバーカステル	家具職人カスパー・ファーバーが、ドイツ・ニュルンベルク郊外のシュタインで鉛筆製造を開始。	1765年　ワットが蒸気機関を改良。
1800年〜	万年筆開発	この頃より、従来からあった羽根ペンに代わり、ペン先が金属の付けペンが登場し、普及し始める。	1804年　ナポレオンが皇帝に即位。フランス第一帝政が始まる。
1804年	万年筆開発	ペンポイントの素材イリドスミンの成分である元素イリジウムとオスミウムが、イギリスの化学者スミソン・テナントにより発見される。	
1809年	万年筆開発	イギリスのフレデリック・B・フォルシュが気液交換を考慮した、インクタンクのあるペンを考案。不完全ながら今日の万年筆の礎となる。	
	万年筆開発	イギリスのジョセフ・ブラマーが軸内にインクタンクのあるペンを考案し、「fountain pen」（「泉のペン」。万年筆を意味する英単語）の名称を初めて用いる。	1824年　ベートーベン「交響曲第9番」初演。

年	項目	内容	世界の出来事
1828年	日本事始	近江の鉄砲鍛冶師・国友一貫斎が筆にインクタンクを備えた「懐中筆」を発明。	1830年　フランスで七月革命が起き、七月王政が成立。
1832年	ペリカン	ドイツ・ハノーバーの工房で、絵具やカラーインクの生産を開始する。	1837年　イギリスでヴィクトリア女王が即位する。
	万年筆開発	イギリスのヘンリー・ステファンスが、ブルーブラック・インクを開発。1834年頃より生産を開始する。	1840年　イギリスと清の間でアヘン戦争勃発（～1842年）。
1834年	万年筆開発	イギリスのジョン・アイザック・ホーキンスが、イリジウム付き金ペンを発明。	
1838年	ペリカン	4月28日、最初の価格表が作成されたこの年のこの日を、創立日とする。	
1851年	万年筆開発	アメリカのグッドイヤー兄弟が、硫黄と生ゴムを材料とした合成樹脂「エボナイト」を発表。	1851年　ロンドンで第1回万国博覧会開催。
1871年	日本事始	初めて鋼ペンが渡来する。	1871年　ドイツ帝国成立。パリ市民の自治政府であるパリ＝コミューンが成立する。
1872年	エス・テー・デュポン	シモン・ティソ・デュポンによりトラベルケースメーカーとしてフランス・パリで創業。	1875年　フランスで第三共和政憲法制定。
	日本事始	初めてフランス製のインクが輸入される。	1877年　ロシア＝トルコ（露土）戦争勃発（～1878年）。
1878年	ペリカン	ワーグナー家の紋章である「ペリカン」を商標とする。	

万年筆史

年		
1883年	**ウォーターマン**	ルイス・エドソン・ウォーターマンが、世界で初めて毛細管現象を応用した万年筆「ザ・レギュラー」を発明。翌年、前身会社「アイディアル・ペン・カンパニー」を設立。
1885年	**日本事始**	丸善の「引き札」（ちらし）に初めて「万年筆」の文字が出る。当時は針先万年筆と金ペン付き万年筆の双方を「万年筆」と呼んでいた。
1888年	**パーカー**	ジョージ・サッフォード・パーカーにより創業。インク漏れを防ぐインク供給システム「ラッキー・カーブ」の開発に着手。
1895年	**日本事始**	丸善がウォーターマンの輸入販売を開始。日本における万年筆販売の先駆けとなる。
1898年	**ファーバーカステル**	創業者ファーバー家令嬢オッテリーとアレグザンダー・ズ・カステル・リューデンハウゼン伯爵の結婚により、両家の姓を合わせたファーバーカステル伯爵家が誕生。
	万年筆開発	コンクリン社がインク吸入方式・クレセントフィラーの特許を取得。

世の中の出来事

1882年　ドイツ・オーストリア・イタリアの間で三国同盟が結ばれる。

1883年　日本で鹿鳴館開館。

1886年　イギリスがビルマ（ミャンマー）を併合。

1889年　パリ万国博覧会開催、エッフェル塔が建設される。

1894年　日清戦争勃発（～1895年）。

1895年　レントゲンがX線を発見。

1896年　第1回国際オリンピック大会がアテネで開催。

1898年　米西戦争勃発。キュリー夫妻がラジウムを発見。

年		
1899年	ウォーターマン	「スリー・フィッシャー・インク・フィード・バー」（3本溝ペン芯）に代わるものとして、「スプーン・フィード」供給システムを開発。
1900年	ウォーターマン	パリ万国博覧会で金賞を受賞。
1904年	ウォーターマン	世界初のクリップ付きキャップを製作。
1906年	オノト	イギリス人ジョージ・スイーツァーが発明したプランジャー吸入方式の万年筆「オノト」をイギリスのデ・ラ・ルー社が発売。
	モンブラン	前身会社「シンプロ フィラーペン カンパニー」、ドイツのハンブルクに設立される。
1907年	ウォーターマン	使わない時にペン先を軸内に収納してインク漏れを防ぐ「セーフティ」を発売。
	日本事始	丸善がデ・ラ・ルー社の日本における代理店として「オノト」を6円で販売開始。夏目漱石、菊池寛など多くの作家が愛用した。
1908年	日本事始	閣令（明治憲法下での内閣総理大臣の命令）第4号により、公官庁での鋼ペンとインクの正式使用が認められる。
1910年	モンブラン	「モンブラン」を商標登録。この年に発表された改良版万年筆「モンブラン」の白いキャップトップが、ブランドエンブレムの前身となる。

1900年　中国で義和団事件（北清事変）が起きる。

1901年　ノーベル賞創設。

1904年　日露戦争勃発（～1905年）。

1904年　文房具専門店伊東屋が「和漢洋文房具」の看板を掲げ、銀座に開店。

1905年　第1次ロシア革命が起き、一〇月宣言が出される。

1910年　南アフリカ連邦がイギリスの自治領として成立する。

1910年　日韓併合条約調印。

1911年 **セーラー**
阪田久五郎により広島県呉市で創業。日本で初めて金ペン先を製造する。

1912年 **モンテグラッパ**
アレッサンドロ・マルゾットらによりイタリア北東部バッサーノ・デル・グラッパで創業。その後、イタリアで初めて万年筆を製造したメーカーとなる。

1913年 **シェーファー**
宝石商ウォルター・A・シェーファーにより創業。世界初のレバー吸入方式の万年筆を製作。

モンブラン
ブランドエンブレムとブランドロゴを商標登録。

1914年 **パイロット**
のちに創業者となる並木良輔が、ペン先に用いるイリドスミンの溶融に成功。

1915年 **カランダッシュ**
前身となる「ジュネーブ鉛筆工場」が設立される。

1916年 **パーカー**
第1次世界大戦に従軍している兵士のために、キャップに内蔵した固形インクを水で溶かして使う「トレンチペン」（塹壕ペンの意）を開発。

パイロット
並木良輔が初の純国産14金ペン先を完成させる。

1918年 **パイロット**
前身会社「並木製作所」創業。

1919年 **アウロラ**
イタリア初の万年筆専門メーカーとして北部の工業都市トリノに創業。

1911年　中国で辛亥革命が起こる（〜1912年）。

1912年　日本の元号が明治から大正へ。

1914年　サラエヴォ事件勃発。第1次世界大戦が始まる（〜1918年）。

1914年　伊東屋オリジナル万年筆「ROMEO」誕生。

1916年発行、伊東屋商品図録より

1915年　アインシュタイン、一般相対性理論を発表。

1917年　第2次ロシア革命が起き、社会主義政権成立。アメリカが第1次世界大戦に参戦。

1919年　パリ講和会議。連合国とドイツとの間にヴェルサイユ条約が結ばれる。ドイツでワイマール共和国が成立。

年	メーカー	出来事
	プラチナ	のちに創業者となる中田俊一が万年筆事業に着手。
1920年	シェーファー	構造上の故障に対するケアを永久保証する万年筆「ライフタイム」を発売。業界で初めて軸にプラスチックを採用する。 ウォーターマンを抜き売り上げ世界1位となる。
1921年	パーカー	「デュオフォールド」誕生。
1924年	シェーファー	トレードマークにホワイトドットを採用。
	プラチナ	前身会社「中屋製作所」創業。
	モンブラン	「マイスターシュテュック」発売。
1925年	パイロット	エボナイト軸材の経年劣化を防ぐ、漆を用いたラッカナイト技法を開発、特許を取得。
1926年	ウォーターマン	ジュール・ファガールが「Jif-WATERMAN」社設立。フランスでペンの製作を開始。
	パイロット	蒔絵万年筆の輸出を開始。
1927年	ウォーターマン	フランス支社の研究者が、ガラス製のインクカートリッジを開発。
1929年	ペリカン	初の万年筆を発売。1927年に特許を取得したピストン吸入式のもので、その後「#100」と呼ばれる。

1921年　中国共産党結成。ワシントン会議開催。海軍軍縮条約・9ヵ国条約・4ヵ国条約が結ばれる（〜1922年）。
1922年　ムッソリーニによりイタリアでファシスタ党政権が成立。ソヴィエト社会主義共和国連邦（ソ連）成立。エジプトがイギリスから独立。
1923年　関東大震災発生。
1926年　大正から昭和へ改元。
1927年　蒋介石が上海クーデタを起こし、南京国民政府が成立。
1929年　世界恐慌、起きる。
1930年　ロンドン軍縮会議開催。

年	メーカー	出来事
	モンブラン	マイスターシュテュックのペン先にモンブランの標高「4810」が刻印される。
1930年	パイロット	英国アルフレッド・ダンヒル社と欧州販売代理店契約を結ぶ。
		独自の技術でブルーブラック・インクを開発。日・英・米・仏・蘭で特許を取得。
	ラミー	家族経営企業としてドイツ・ハイデルベルクで創業。
1931年	プラチナ	カタログ郵送による万年筆の販売を開始。
1933年	パーカー	「矢羽」クリップ登場。
1935年	エス・テー・デュポン	漆を使用した商品製造を開始。
1938年	アウロラ	「オプティマ」発売（1940年代に販売を終了）。
1939年	セーラー	呉市に天応工場開設。
1940年	シェーファー	タッチダウン吸入式メカニズムの米国特許を取得。

1930年　伊東屋、銀座3丁目に8階建て新ビルを建設。

新築落成　披露チラシ

1933年　フランクリン＝ローズヴェルトがアメリカ大統領に就任し、ニューディール政策が始まる。

1934年　ドイツでヒトラーが総統に就任する。

1937年　日中戦争勃発（～1945年）。

1938年　ナチス＝ドイツがオーストリアを併合。

1939年　ドイツ軍のポーランド侵攻により、第2次世界大戦が始まる（～1945年）。

年	メーカー	出来事
1941年	エス・テー・デュポン	最初の高級ライターを開発。
	パーカー	「パーカー51」発売。
1945年	プラチナ	「A型万年筆S1」（別名プラチナ型万年筆）を発売。
1947年	アウロラ	「88（オタントット）」発表。
1948年	パイロット	平塚工場完成。操業開始。
1949年	モンブラン	「マイスターシュテュック146」「マイスターシュテュック144」、発売。
1950年	ペリカン	「#400」を発表。ペリカンのシンボルのひとつ、胴軸の縦縞模様が初登場する。
1952年	シェーファー	金属チューブ（スノーケル）によって吸入するスノーケル吸入方式を開発。
	プラチナ	業界初となるプラスチック自動成形機を輸入設置。
	モンブラン	「マイスターシュテュック149」発売。
1953年	ウォーターマン	オープンウィンドウクリップ登場。ウォーターマンのシンボルとなる。
1954年	セーラー	カートリッジ式万年筆特許取得。
1955年	パイロット	「スーパー」シリーズ開始。

1941年　太平洋戦争が始まる（〜1945年）。

1945年　国際連合（国連）設立。

1948年　イスラエル建国。パレスチナ戦争（第1次中東戦争）勃発（〜1949年）。ソ連がベルリン封鎖を行う。

1949年　北大西洋条約機構（NATO）発足。中華人民共和国建国。

1950年　朝鮮戦争勃発（〜1953年）。

1951年　サンフランシスコ講和会議が開かれ、サンフランシスコ平和条約と日米安全保障条約が結ばれる。

1953年　朝鮮戦争休戦協定が結ばれる。

1955年　ワルシャワ条約機構（ソ連と東欧7ヵ国友好協力相互援助条約）結成。

年	メーカー	出来事	世界の出来事
	ペリカン	万年筆とペアになるボールペンを発売。	
1957年	プラチナ	カートリッジ式の万年筆を初めて実用化した「オネスト'60」を発売。	1957年　ヨーロッパ経済共同体（EEC）結成。
1958年	オノト	本国イギリスでの製造を中止。	
	セーラー	カートリッジ式万年筆「セーラーデラックス」、発売。	
1959年	シェーファー	「PFM（ペンフォーメン）」発表。ペン先と首軸が一体となったインレイニブが採用され、のちにシェーファー社の代名詞的存在となる。	1959年　キューバ革命が起こる。
1960年	パーカー	同社初のカートリッジ式万年筆「パーカー45」、発売。	1960年　アフリカで17ヵ国が独立。
	ペリカン	学童用万年筆「ペリカーノ」（のちに「ペリカーノ・ジュニア」となる）、発売。	
1961年	パイロット	高級ボールペンの生産開始。	1961年　ベルリンの壁がつくられる。
1962年	パーカー	英国エリザベス女王の王室御用達ブランドに選ばれる。	1962年　キューバ危機が起こる。
	プラチナ	「プラチナ18」発売。18金ペン先時代を築く。	
1963年	セーラー	コンパクト万年筆「セーラーミニ」、発売。	1963年　アメリカ大統領ケネディ、暗殺される。
	パイロット	世界初のキャップのない万年筆「キャップレス」、発売。	1964年　東京オリンピック開催。

年	メーカー	出来事
1964年	パーカー	「パーカー75」発売。日本でも、1962年の外国万年筆輸入自由化の追い風を受け、大ヒットする。
1966年	ラミー	「ラミー2000」発表。
1967年	プラチナ	白金ペン先の「プラチナ・プラチナ」、発売。
1968年	パイロット	ショートタイプ万年筆「エリートS」、発売。翌年の大橋巨泉によるCM「はっぱふみふみ」が話題となる。
1969年	ウォーターマン	フランシーン・ゴメスがCEOに就任。
	セーラー	21金ペン先の万年筆が登場。
	パイロット	銀軸に曲面蝕刻を施した「シルバーン」シリーズ、登場。
1970年	アウロラ	建築家マルコ・ザヌーソのデザインによる「アスティル」がニューヨーク近代美術館のコレクションとなる。
	ウォーターマン	インダストリアルデザイナーのアラン・カレを専属デザイナーに起用。
	カランダッシュ	初の万年筆を含む「マディソン」コレクションがスタート。
1971年	セーラー	シェーファーと販売・技術の業務提携をする。
	パイロット	「カスタム」シリーズ登場。

1965年　アメリカ軍が北ベトナム爆撃を開始。

1968年　チェコスロバキアで「プラハの春」と呼ばれる民主化運動が起こる。

1969年　アメリカのアポロ11号が人類史上初の月面着陸に成功する。

1971年　国連で中華人民共和国の代表権が認められ、台湾が国連から追放される。

年	メーカー	出来事
1972年	**ポルシェデザイン**	ドイツ・シュトゥットガルトにて創業。
1973年	**エス・テー・デュポン**	ブランド初となる高級ペン「クラシック」、発表。
1976年	**シェーファー**	「タルガ」発売。シェーファーの代表作のひとつとなる。
	セーラー	カラーインク10色のカラフル万年筆「キャンディ」、発売。
1978年	**パイロット**	全国万年筆専門店会と共同開発した「エラボー」、発売。
	プラチナ	「#3776」発売。
1979年	**セーラー**	超細身万年筆「シャレーナ」、発売。
	パイロット	ペン先のしなり具合を調節できる機構を搭載した「ジャスタス」、発売。
1980年	**ラミー**	「サファリ」発売。
1981年	**セーラー**	「プロフィット」シリーズ発売。
1982年	**デルタ**	イタリア、パレーテにて創業。
	ペリカン	「#400」の復刻版「スーベレーンM400」、発売。
1986年	**パーカー**	本部をアメリカからイギリス・ニューヘブンに移転。

1972年　アメリカ大統領ニクソンが中国を訪問。米中共同声明を発表。

1975年　ベトナム戦争終結。

1979年　ソ連がアフガニスタンに軍事介入する。
イラン革命が起き、イラン＝イスラム共和国が成立。

1980年　イラン＝イラク戦争勃発（～1988年）。

1986年　ソ連のチェルノブイリ原子力発電所で爆発事故が起こる。

	ペリカン	1931年のモデル「トレド」を復刻した「トレド」シリーズ、開始。
	モンブラン	金属製のマイスターシュテュック、「マイスターシュテュック ソリテール」シリーズ、始まる。
1987年	ペリカン	「スーベレーンM800」緑縞、発売。
1988年	ヴィスコンティ	ダンテ・デル・ベッキオらによりイタリア・フィレンツェにて創業。
1989年	ヴィスコンティ	限定39本のセルロイド万年筆を発表。オークションで高値で売買され、のちに訪れる復刻版ブームの先駆けとなる。
	プラチナ	創業70周年を迎え、伝統技術を駆使した最高級手作り万年筆「唐草模様透かし彫り白金製」などを記念発売。
1990年	アウロラ	名品「88」を現代版にアレンジして発売。
	プラチナ	顔料にカーボンブラックを使用した「カーボンインク」、カートリッジで発売。
	ペリカン	「スーベレーンM600」黒、発売。
1991年	セーラー	「プロフィット21」シリーズ、発売。

1987年　アメリカとソ連の間で中距離核戦力（INF）全廃条約が調印される。

1988年　イラン＝イラク戦争停戦。

1989年　中国で天安門事件（第2次）が起こる。ベルリンの壁、崩壊。

1990年　東西ドイツ再統一。イラク軍がクウェートに侵攻。

1992年

アウロラ　限定品「コロンボ」、発売。この年より毎年、限定生産のペンを発表する。

ウォーターマン　創始者のミドルネームを与えられた高級ライン「エドソン」、ビジネスシーン用で、パリの小粋なエッセンスを感じさせる「エキスパート」、発売。「エキスパート」はその後、ウォーターマンの定番シリーズのひとつとなる。

パイロット　「カスタム74」発売。

ペリカン　「ニュークラシックシリーズ」、登場。

モンテグラッパ　初の限定品「80th Anniversary」を創業年に合わせ1912本限定で発売。

モンブラン　芸術家のパトロン（支援者）を顕彰した「パトロンシリーズ」と、文学者を称える「作家シリーズ」、開始。以後、毎年、限定品としてそれぞれ1モデル、製作されている。

1993年

パイロット　「カスタム742」「カスタム743」、発売。

パーカー　「ソネット」発売。世界的に大ヒットする。

ファーバーカステル　高級ライン「ファーバーカステル伯爵コレクション」、開始。第1号製品となるパーフェクトペンシルを発売。

1991年　湾岸戦争勃発。
1992年　経済企画庁、景気拡大下降を発表。1986年から続いた大型景気、終わる。
ボスニア内戦勃発（～1995年）。
1993年　EU（欧州連合）発足。

1994年	ペリカン	限定品のクリアカラーモデル「ブルーオーシャン」を発売。これを皮切りに、以後、毎年、限定・特別生産の万年筆を発表する。
	モンブラン	モンブランを傘下に置いていたダンヒルが、ヴァンドーム・ラグジュアリー・グループS.A.(のちのリシュモングループ)に買収される。
	アウロラ	「オプティマ」ベースの75周年記念万年筆発売。
	ウォーターマン	「メトロポリタン」発売。その後、ウォーターマンの定番シリーズのひとつとなる。
	パイロット	モダンクラシックな細身のデザインの万年筆「グランセ」、発売。
	プラチナ	「プレジデント」発売。
1995年	シェーファー	「レガシー」発売。
	セーラー	特殊なペン先によって簡単に筆文字が書ける万年筆「ふでDEまんねん」、発売。
1996年	デルタ	オレンジ色の軸が特徴の限定「コロッセウム」を発売。大ヒットとなる。

1994年　ニューヨーク外為市場で、初めて1ドル＝100円を突破。円高時代、始まる。
松本サリン事件、起きる。
Amazon.com 創業。
大江健三郎がノーベル文学賞を受賞。

1995年　阪神・淡路大震災発生。
地下鉄サリン事件、起きる。
ベトナムとアメリカの国交、正常化。

1997年	**ウォーターマン**	「カレン」発売。その後、ウォーターマンの定番シリーズとなる。
	デルタ	前年の「コロッセウム」をモデルに「ドルチェビータ」を発売。以後、シリーズ化され、同社の代表作となる。
	プラチナ	樹齢3000年以上の屋久杉を使用した万年筆「#3776センチュリー屋久杉」、発売。
1998年	**カランダッシュ**	「レマン」コレクション開始。
	パイロット	スリムボディが特徴の合金ペン「カヴァリエ」、発売。Namiki「リミテッドコレクション」（限定品のコレクション）スタート。
1999年	**ウォーターマン**	独特の曲線が個性的な「セレニテ」、発売。
	カランダッシュ	同社の看板筆記具ライン「エクリドール」に初めて万年筆が登場。
	プラチナ	自社の職人たちによる万年筆製作集団「中屋万年筆」創業。
2000年	**アウロラ**	海をイメージしたデザインの「マーレ」、発売。2010年よりシリーズ化される。

1997年　香港がイギリスから中国へ返還。
日本の消費税が3パーセントから5パーセントへ。
北海道拓殖銀行、山一証券が破綻。

1999年　ヨーロッパ単一通貨ユーロ登場。
マカオがポルトガルから中国に返還される。

2000年　ロシア大統領にウラジーミル・プーチンが就任。

	パイロット	プランジャー式万年筆「カスタム823」、発売。
	ペリカン	吸入機構を見せる目的でスケルトンにした「デモンストレーター」のファーストモデルが登場。以後、「ペリスケ」の愛称で知られる人気モデルとなる。
	モンテグラッパ	リシュモングループ傘下となる。
	モンブラン	エレガントなデザインの「ボエム」コレクション開始。
2001年	カランダッシュ	「バリアス」コレクション開始。
	プラチナ	1990年発売のカートリッジ式「カーボンインク」が好評のため、ボトルタイプとして発売。
	ペリカン	「スーベレーン」をベースに蒔絵を施した「蒔絵シリーズ」、開始。以後、年間1～2本のペースで発表。
2002年	パイロット	エボナイトを削り出し、漆で仕上げた「カスタム845」、発売。
	アウロラ	世界の大陸をイメージしたデザインの「大陸シリーズ」がスタート。第1弾は「アフリカ」。
2003年	セーラー	「プロフェッショナルギア」「キングプロフィット」、発売。
	デルタ	世界の少数民族をテーマにしたシリーズを開始。
	ファーバーカステル	「ペン・オブ・ザ・イヤー」（年間限定生産品）始まる。

日本において携帯電話とPHSの契約数が固定電話を抜く。
Amazon.co.jp サービス開始。

2001年　アメリカで9・11同時多発テロ、起こる。

2002年　東ティモール、インドネシアから独立。
FIFAワールドカップを日本と韓国で共同開催。

2003年　イラク戦争勃発（～2011年）。イラク・フセイン政権崩壊。
中国で新型肺炎SARSが大流行。

年	メーカー	出来事
	モンブラン	若い世代に向けた「スターウォーカー」シリーズ、始まる。
2004年	ウォーターマン	スクエアボディの「エクセプション」、発売。
2005年	アウロラ	180万円、99本の限定品「85周年マザー・オブ・パール」と、「85周年レッド」、発売。
	セーラー	全国各地の店頭で、来店者の好みの色のインクを作り上げるイベント「インク工房」開始。
	ペリカン	「スーベレーン」をベースに、貝を用いた漆工芸品の加飾法のひとつ、螺鈿（らでん）を施した「螺鈿シリーズ」始まる。
	ラミー	プロペラ形のクリップが特徴の「ラミー ステュディオ」、発売。
2006年	アウロラ	自然界のエレメントをテーマにした、限定生産の万年筆シリーズを開始。
	セーラー	95周年謹製万年筆として同社初の吸入式を採用した「レアロ」、限定生産で発売。以後、「プロフィット」などのシリーズにも吸入式が採用され、シリーズ名とともに「レアロ」の名が冠されるようになる。
	パイロット	Namikiから万年筆に初めて漆芸の沈金技法を用いた「雉と桜」、発売。
	モンブラン	創業100周年。シンボルマーク形のダイヤモンドをあしらった特別モデルを発表する。

2004年　アメリカで、マーク・ザッカーバーグがSNS「Facebook」を開設。
イラク暫定政権が発足。

2005年　中部国際空港開港。
日本国際博覧会「愛・地球博」、開幕。
スマトラ島沖地震発生。
郵政民営化、国会で可決される。

2006年　世界の推計人口が65億人突破。
イラクで約3年ぶりに正式政府が発足。

年	メーカー	内容
2007年	カランダッシュ	価格2100万円の超高級万年筆「1010」を限定10本で発売。
	セーラー	有田焼万年筆を発売。
	ナガサワ文具センター	セーラーに依頼して開発したインクシリーズ「Kobe INK（神戸インク）物語」、発表。
	パイロット	24色のインクシリーズ「iroshizuku 色彩雫」、発表。
	プラチナ	低価格帯の万年筆「プレピー」（210円）を発売。このシリーズで、初めてインクの乾燥を防ぐスリップシール機構を採用する。
2008年	ウォーターマン	創業125周年記念に「エドソン」1883本限定モデル「エドソン 125ans」を発売。「パースペクティブ」発売。その後、ウォーターマンの定番シリーズとなる。
	ファーバーカステル	高級ライン「ファーバーカステル伯爵コレクション」の「クラシックコレクション」に「アネロ」シリーズが加わる。
	プラチナ	カーボンマトリックスボディの超軽量万年筆「PCF-100000」、発売。
2009年	エス・テー・デュポン	ジェット戦闘機のような近未来デザインのコレクション「デフィ」登場。

2007年　EUにブルガリア、ルーマニアが加わり、加盟国が27ヵ国となる。
世界同時株安（サブプライムローン問題）、起きる。

2008年　リーマン・ショック、起きる。
バラク・オバマ、アフリカ系アメリカ人初の大統領となる。

2009年　アメリカの自動車メーカー、クライスラー社、経営破綻。

ツイスビー　台湾・三文堂筆業（1968年創業）によりブランド展開、開始。

パーカー　「パーカー75」にインスパイアされたモデル「パーカー・プリミエ」登場。

ポルシェデザイン　ペリカン社と提携、製造と販売を委託する。

モンテグラッパ　アキュラグループの傘下に戻る。

モンブラン　歴史上の偉人をテーマにしたコレクション「グレートキャラクターズ」、開始。

ラミー　代表シリーズ「ダイアログ」の第3弾発売。初めて万年筆がシリーズに加わる。

2010年

アウロラ　「イタリアの海」シリーズの第1弾「マーレ・リグリア」、発売。

カランダッシュ　1億円の万年筆「1010 Diamonds」を含む超高級限定コレクション「1010 Limited Edition」、発表。

セーラー　司法試験の受験者の意見を取り入れて作られた低重心の万年筆「プロフィットFL」、発売。

第45回衆議院議員総選挙で民主党が圧勝し、政権を握る。
ギリシャで国家財政の粉飾決算が明らかとなったことを契機に、ユーロ危機が始まる。

2010年　社会保険庁廃止、日本年金機構発足。
中国、日本を抜いて国内総生産（GDP）が世界第2位に浮上。
ドバイに世界一の超高層ビル、ブルジュ・ハリファ、オープン。
チリ地震発生。

日本の四季をテーマに作られた染料インク「色織々」、発売。当初はシーズン限定発売だったが、その後、定番商品となり、2017年には四季をイメージして製造された筆記具とともに「-SHIKIORI- 四季織」シリーズとしてまとめられる。

パイロット　スケルトンモデルで回転吸入式の「カスタム ヘリテイジ92」、発売。

プラチナ　日本の伝統工芸を取り入れた「出雲」シリーズ、スタート。1000円万年筆「プレジール」、発売。

ペリカン　高級インクコレクション「エーデルシュタインインク」、発売開始。

2011年

ウォーターマン　「カレン」「パースペクティブ」「エキスパート」「メトロポリタン」の人気の4シリーズをカラーで統一するコレクションを開始。この年の「ピュアホワイト」が第1弾となる。

エス・テー・デュポン　デザイナー、カール・ラガーフェルドとのコラボレーションによる「モン・デュポン」コレクション発売。

カランダッシュ　高硬度のステンレススチールを使用した「RNX.316」コレクション、開始。

2011年　東日本大震災発生。
シリアで内戦勃発。
エジプトでムバラク政権崩壊。
アメリカ軍、イラクから撤退。
国連推計で世界人口70億人突破。
北朝鮮最高指導者・金正日死去。金正恩が後継者となる。

年	メーカー	内容
	セーラー	1976年発売の「キャンディ」を復刻。 「万年筆の神様」と呼ばれる「オリジナルペン先」の名工・長原宣義氏引退。2015年、この世を去る。 創業100周年を記念して、「島桑万年筆」「有田焼限定万年筆」、日本のジュエリーブランド、ギメルと製作した5250万円の超高級万年筆「輝きの森シリーズ」、発売。
	ファーバーカステル	同社では珍しいカジュアルなデザインの「ベーシック」発売。
	プラチナ	名品「#3776」を刷新した「#3776センチュリー」、発売。 インクを自由に混ぜて好きな色を作れる「ミクサブルインク」全9色、発売。
	ペリカン	1930年代の名品「M101N」の復刻版第1弾、「M101Nトータスシェル・ブラウン」、発売。
2012年	パイロット	20~30代向けの新ブランド「コクーン」、登場。
	モンブラン	同社が初期に製造していたモデルを現代流に復刻するシリーズ「ヘリテイジコレクション」、始まる。
	ラミー	ストレートラインが印象的なシンプルデザインの「ラミースカラ」、発売。

2012年　第46回衆議院議員総選挙で自由民主党が勝利、与党に返り咲く。

年	メーカー	出来事
2013年	セーラー	14金のペン先で1万円のモデル「プロムナード」、発売。「プロフェッショナルギアΣ」発売。カラフルなボディの21金ペン先万年筆「ミルコロール」登場。大人の女性をターゲットとした「ファシーネ」シリーズ、発売。
	パイロット	初心者用の1000円万年筆「カクノ」、発売。1968年の「エリートS」を復刻した「エリート95S」、1979年の「ジャスタス」の復刻モデル「ジャスタス95」、発売。
2014年	セーラー	ボディに日本の伝統工芸である甲州印伝を施した「甲州印傳万年筆」発売。
	プラチナ	屏風画「風神雷神図」を軸ボディに描いた金沢箔万年筆「風神雷神」発売。
2015年	アウロラ	「オプティマ」をベースにした年1回の限定生産シリーズ「オプティマ365」、開始。
	セーラー	「オリジナルペン先」の受注を暫時停止する。顔料インク「STORiA」（ストーリア）全8色、発売。
	パイロット	パイロット平塚事業所に蒔絵工房NAMIKIを開館。
	モンブラン	プロダクトデザイナー、マーク・ニューソンとのコラボレーションによる「モンブランM」発表。

2013年　習近平、第7代中華人民共和国国家主席となる。ボストンマラソン爆弾テロ事件、起きる。富士山が世界文化遺産に登録される。

2014年　日本の消費税が5パーセントから8パーセントに。

2015年　イスラム過激派がフランス・パリの政治週刊紙「シャルリー・エブド」を襲撃。シンガポールで中国と台湾が、中台分断後初の首脳会談を実施。中国株の大暴落が始まる。イスラム過激派によるパリ同時多発テロ事件、起きる。

ラミー　マリオ・ベリーニによるデザインの「ラミー インポリウム」登場。

2016年

セーラー　創立105周年記念として、日本で初めて積層カラーエボナイトを使用した「瑞青」を発売。限定500本。

デルタ　日本限定の「レ・スタジオーニ・コレクション」の第1弾「インベルノ」（冬）、発売。

パイロット　大型の金ペンを備えた高級大型万年筆「カスタム URUSHI」、発売。

ファーバーカステル　創立255周年を迎え、高級ライン「ファーバーカステル伯爵コレクション」から、伯爵家創立時の夫婦、オッテリーとアレグザンダーの名を冠した2本の万年筆を「ヘリテージコレクション」として発表。2人の結婚した年に合わせ、1898本の限定生産。

ラミー　メタルカラーのボディが印象的な「ラミー ルクス」登場。「ラミーデザイン50周年」（「ラミー2000」が発売された1966年を元年とする）を迎え、ドイツ・フランクフルトの応用工芸博物館で「thinking tools 展」を開催。日本での開催は2018年。

2017年

アウロラ　1950年代に考案されたカートリッジ式インク用万年筆「デュオカルト」を復刻。

2016年　アメリカ、エジプト、イラク、トルコなどで、立て続けにイスラム過激派によるテロが発生。
中南米でジカ熱が流行。
熊本地震発生。
バラク・オバマが、現職アメリカ合衆国大統領として初めて原爆被災地・広島市を訪問。
イギリス、国民投票でEU離脱を選択。

カランダッシュ ポップなボディカラーで人気のボールペンシリーズ「849」のラインに万年筆が加わる。

パーカー 「デュオフォールド」に蒔絵加工を施した「流水」、発売。限定77本。

プラチナ 古典的インクの製法で作られた「CLASSIC INK」6色、発売。

ラミー 無印良品なども手がけているプロダクトデザイナー、ジャスパー・モリソンがデザインを手がけた「ラミー アイオン」、発売。

2018年

セーラー 店頭イベント「インク工房」のノウハウをもとに100色からなるインクシリーズ「インク工房」、発売。「オリジナルペン先」の販売を再開。

デルタ 2017年からの長期休業を経て、廃業。

パーカー パーカーの初代ボールペン「ジョッター」(1954年より製造)のラインに万年筆が加わる。

パイロット 創立100周年記念漆芸品として、漆芸セット「七福神」(500万円)、記念万年筆「富士」(100万円)と「富士と明治丸」(15万円)を発売。

2017年 ドナルド・トランプ、アメリカ合衆国大統領に就任。大統領令により、イラク、イラン、リビア、ソマリア、スーダン、シリア、イエメンの全国民の入国を禁止。この状況が90日間、続く。

2018年 伊東屋 横浜元町オープン。「自分好みにカスタマイズできる万年筆」サービス、「My Mighty(マイ マイティ)」開始。アメリカが中国への輸入制限発動、米中摩擦が激化。キューバのラウル・カストロ議長が退任。

ファーバーカステル

高級ライン「ファーバーカステル伯爵コレクション」から高級車メーカー「ベントレー」とコラボレーションした「ベントレーコレクションI」、発売。

2000年発売の「グリップ2001鉛筆」をモチーフにした「グリップ2010／2011」万年筆、発売。

プラチナ

開発に5年を要した5000円台の万年筆「プロシオン」、発売。

ペリカン

創業180周年を記念して、M1000をベースに、キャップに3個のダイヤモンドをあしらった高級万年筆「スピリット オブ 1838」を発売。限定180本。

モンブラン

世界で1点のみの約2億円の万年筆「モンブラン ハイアーティストリー ヘリテイジ メタモルフォシス リミテッドエディション1」、発表。

史上初の米朝首脳会談が開かれる。
北海道胆振東部地震発生。
日産会長カルロス・ゴーンが金融商品取引法違反の疑いで逮捕される。

2019年　伊東屋　横浜元町にて、目の前で調合する「カクテルインク」全50色発売。

参考図録　明治・大正「伊東屋萬年筆営業品目録」

伊東屋商品目録

萬年筆使用ノ激増ハ最近ニ屬スルモノナレ共時代ノ趨勢ガ今ヤ一般人士ノ必要品トシテ携帶セザルモノナキマデニ需要ヲ來シタルハ最モ喜バシキ現象ナリトイハザル可ラズ弊店販賣ノモノハ精良ナル實用的ノモノヽミヲ撰ビタレバ擴ク各位ノ眷顧ニ背カザラン事ヲ期スルモノナリ

種類ハ數十種ニ上リ茲ニ示セルハ其ノ一般ニ過ギズ金額ニテ指定セラルレバ見計ヒ送付スベシ
弊店ニ於テ御購求ナサレタルモノニ限リ萬一破損ノ場合ハ實費ニテ修繕スベシ

MOORE'S NON-LEAKABLE FOUNTAIN PEN

最新式米國製ムーア印

金飾付大形金ペン付　壹本　¥ 7,50

壹本　韭　¥ 5,50

ムーア印萬年筆ハインキノ出工合極メテ良好ニシテインキノ漏出絶体ニナケレバ携帶ニ頗ル安心ナリ

TOURIST

MOORE'S NON-LEAKABLE FOUNTAIN-PEN

明治43年４月１日改正版「伊東屋　営業品目録」より

MIGHTY FOUNTAIN PEN

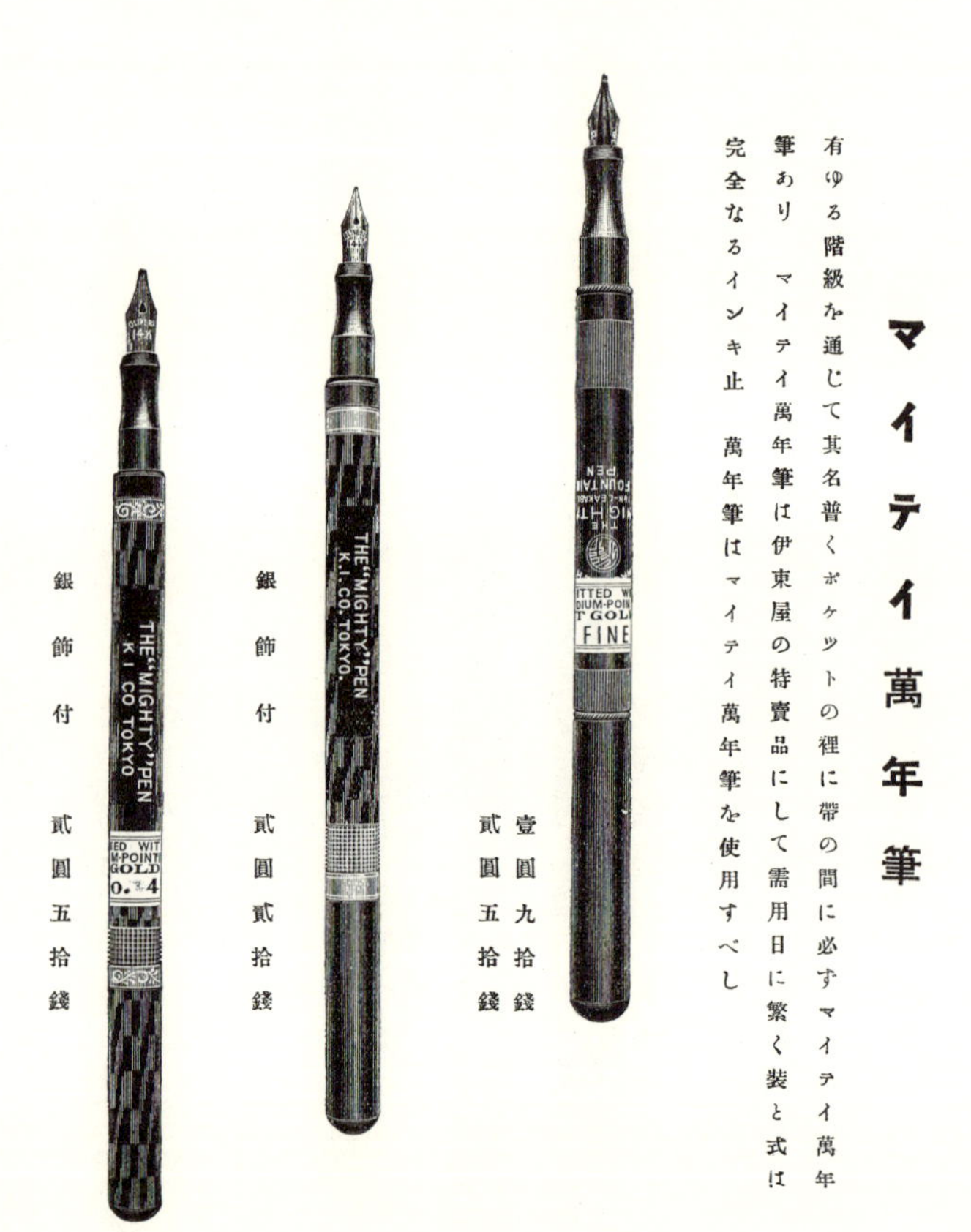

マイティ萬年筆
有ゆる階級を通じて其名普くポケットの裡に帯の間に必すマイティ萬年筆あり　マイティ萬年筆は伊東屋の特賣品にして需用日に繁く装と式は完全なるインキ止　萬年筆はマイティ萬年筆を使用すべし
壹圓九拾錢
貳圓五拾錢
銀飾付　貳圓貳拾錢
銀飾付　貳圓五拾錢
THE "MIGHTY" PEN K.I. CO. TOKYO.
THE "MIGHTY" PEN K I CO TOKYO
FINE

大正５年７月１日発行「伊東屋のカタログ」より

ROMEO FOUNTAIN PEN

自働吸入溝挺装置

ロメオ萬年筆

萬年筆の種類は極めて多し
然り　然しながら
進歩的智識階級に推奬して憚からざるもの
唯一つロメオ萬年筆あるのみ
ロメオの獨り有する
自働吸入溝挺装置は
「時」を節し「勞力」を減じ
期せずして仕事は紙面に活躍する！

四圓五拾錢

大正8年11月15日発行「Catalogue」より

伊東道風（いとう・みちかぜ）

明治37（一九〇四）年創業、文房具専門店「伊東屋」にて万年筆やインクのデザイン、販売、修理、仕入れに関わるメンバーによって生み出された架空の人物名。名前は、平安中期の名書家にして和様の開祖、三蹟（さんせき）の一人と称えられる小野道風（おののみちかぜ）（八九四〜九六七）にちなむ。

本文デザイン　奥定泰之
カバー・本文イラスト　コーチはじめ
図版作成　さくら工芸社
撮影　大河内　禎（p.73〜78、80〜81、84〜85）
米沢　耕（講談社写真部）
撮影・取材協力　株式会社　パイロットコーポレーション
構成・文　高橋　賢

万年筆バイブル

二〇一九年　四月一〇日　第一刷発行
二〇二四年　二月　五日　第七刷発行

著者　伊東道風
©Michikaze Ito 2019

発行者　森田浩章
発行所　株式会社　講談社
東京都文京区音羽二丁目一二―二一　〒一一二―八〇〇一
電話（編集）〇三―五三九五―三五一二
（販売）〇三―五三九五―五八一七
（業務）〇三―五三九五―三六一五

装幀者　奥定泰之
本文データ制作　講談社デジタル製作
本文印刷　信毎書籍印刷　株式会社
カバー・表紙・口絵印刷　半七写真印刷工業　株式会社
製本所　大口製本印刷　株式会社

KODANSHA

ISBN978-4-06-515358-1　Printed in Japan　N.D.C.790　205p　19cm

講談社選書メチエの再出発に際して

講談社選書メチエの創刊は冷戦終結後まもない一九九四年のことである。長く続いた東西対立の終わりはついに世界に平和をもたらすかに思われたが、その期待はすぐに裏切られた。超大国による新たな戦争、吹き荒れる民族主義の嵐……世界は向かうべき道を見失った。そのような時代の中で、書物のもたらす知識が一人一人の指針となることを願って、本選書は刊行された。

それから二五年、世界はさらに大きく変わった。特に知識をめぐる環境は世界史的な変化をこうむったとすら言える。インターネットによる情報化革命は、知識の徹底的な民主化を推し進めた。誰もがどこでも自由に知識を入手でき、自由に知識を発信できる。それは、冷戦終結後に抱いた期待を裏切られた私たちのもとに差した一条の光明でもあった。

その光明は今も消え去ってはいない。しかし、私たちは同時に、知識の民主化が知識の失墜をも生み出すという逆説を生きている。堅く揺るぎない知識も消費されるだけの不確かな情報に埋もれることを余儀なくされ、不確かな情報が人々の憎悪をかき立てる時代が今、訪れている。

この不確かな時代、不確かさが憎悪を生み出す時代にあって必要なのは、一人一人が堅く揺るぎない知識を得、生きていくための道標を得ることである。

フランス語の「メチエ」という言葉は、人が生きていくために必要とする職、経験によって身につけられる技術を意味する。選書メチエは、読者が磨き上げられた経験のもとに紡ぎ出される思索に触れ、生きるための技術と知識を手に入れる機会を提供することを目指している。万人にそのような機会が提供されたとき初めて、知識は真に民主化され、憎悪を乗り越える平和への道が拓けると私たちは固く信ずる。

この宣言をもって、講談社選書メチエ再出発の辞とするものである。

二〇一九年二月　　野間省伸